LA MÉTHODE

DE

DÉCOMPOSITION DES CHARGES

DITE : MÉTHODE B. U.

LA MÉTHODE

DE

DÉCOMPOSITION DES CHARGES

APPLIQUÉES AUX

POUTRES, CADRES, PORTIQUES, CHARPENTES, ETC.

DITE : MÉTHODE B. U.

CONTRIBUTION A L'ÉTUDE DES SYSTÈMES HYPERSTATIQUES

PAR

W. LUDWIG ANDRÉE

TRADUIT DE L'ALLEMAND

PAR

JEAN KESSLER

INGÉNIEUR

Avec 348 figures dans le texte

PARIS ET LIÉGE

LIBRAIRIE POLYTECHNIQUE CH. BÉRANGER

PARIS, 15, RUE DES SAINTS-PÈRES, 15
LIÉGE, 8, RUE DES DOMINICAINS, 8

1925

AVANT-PROPOS

La méthode de décomposition des charges, sommairement appelée méthode B. U. (1), étudiée dans ce livre, fut déjà par ailleurs, mais seulement dans des cas particuliers, appliquée avec succès. Les renvois (2), (3), (4) attireront l'attention sur les publications parues. Moi-même, depuis longtemps, je me suis intéressé à la chose et j'ai utilisé pratiquement la méthode dans mes ouvrages (5), (6) et même beaucoup dans l'un de ceux-ci (7). Il ne s'agit pas précisément d'une théorie nouvelle ou particulière, mais plutôt d'un artifice (qui n'en a d'ailleurs que plus de valeur) à adapter et appliquer. La méthode est un expédient simplifiant considérablement le calcul des systèmes statiquement indéterminables ; et elle est d'autant plus féconde que leur degré d'hyperstatisme est plus élevé. Il est facile de citer des exemples dont la résolution par les méthodes usuelles serait particulièrement pénible et qui, au contraire, par la méthode B. U., seraient traités avec la plus grande facilité. En outre, cette méthode offre l'avantage d'éclairer l'état statique — et souvent d'une manière surprenante — et de découvrir des effets qui, par d'autres méthodes, resteraient complètement cachés. Un autre avantage consiste en ce que la simplicité et la clarté des calculs exclut les fautes, tandis qu'autrement, et en particulier, là où le degré d'indétermination est élevé, il y a toujours risque d'erreur. La méthode est aussi bien applicable analytiquement que graphiquement à l'étude des lignes d'influence. Son application est seulement limitée aux systèmes symétriques ; mais comme les autres ne se présentent que rarement dans la pratique, on aura l'occasion de l'employer presque journellement. Toute-

---

(1) N. du T. — B. U., initiales des mots formant le substantif composé allemand *Belastungs-umordnung*.

(2) Léopold HERZKA : *Die dreifeldrige Rahmen*. Der Eisenbau, 1915, n° 2.

(3) Léopold HERZKA : *Der zweistielige Dreifeldtrager*. Zeitschrift für Betonban 1915, n° 12.

(4) Léopold HERZKA : *Die Berechnung von Stockwerksrahmen*. Zeitschrift für Betonbau 1916, n° 7-10.

(5) *Die Statik des Kranbaues*, 2° édition 1913. Éditeur R. Oldenbourg, Munich. Édition française 1924, parue à la Librairie Polytechnique Béranger, Paris.

(6) *Die Statik der Schwerlastkrane*, 1919, R. Oldenbourg, Munich.

(7) *Die Statik des Eisenbaues*, 1914-1917, R. Oldenbourg, Munich.

fois, la méthode peut être utilisée d'une manière approchée là où les constructions sont asymétriques; il suffira seulement d'un peu d'habileté pour compenser convenablement les asymétries et cela d'une manière quelconque.

Il semblait donc désirable de faire connaître cette méthode à un cercle de collègues aussi étendu que possible. C'est ce qui m'a décidé à traiter ce sujet dans un ouvrage spécial. En présentant ce livre, je souhaite qu'il atteigne son but : faciliter considérablement la tâche des ingénieurs calculateurs.

Cologne, janvier 1919.

W.-L. ANDRÉE.

LA MÉTHODE

DE

DÉCOMPOSITION DES CHARGES

CHAPITRE PREMIER

APPLICATION DE LA MÉTHODE DANS LE CAS DE PROBLÈMES TRAITÉS ANALYTIQUEMENT

Exemple 1. — *Un cadre rectangulaire supporté en huit points* (fig. 1).

Ce problème, plusieurs fois statiquement indéterminé, est choisi pour montrer les avantages particulièrement importants de la méthode B. U.

Si l'on admet que tous les appuis sont mobiles horizontalement, on a dès lors à résoudre un problème renfermant sept indéterminées statiques. Par contre, si l'on suppose que tous les appuis sont fixes, on est en présence d'une huitième indéterminée.

Remarquons tout d'abord que les indéterminées sont, en général, dans le cas de cadres à sections en âme pleine, faiblement influencées par les déformations dues aux efforts tranchants et aux forces normales. Par contre, les déformations causées par les moments fléchissants sont presque toujours déterminantes. En conséquence, les grandeurs en question seront toujours déduites de celles-ci.

Le cadre en présence se compose de barres en âme pleine. La symétrie admise dans la construction nécessite que les sections des éléments symétriquement opposés soient égales entre elles. Le cadre est, d'après la figure 1, sollicité par une charge isolée.

Un essai de résolution du problème à l'aide des méthodes usuelles — établissement de sept, respectivement huit, équations élastiques avec autant d'inconnues — montre, dès le commencement, que ce procédé trop laborieux peut, en pratique, à peine être suivi. Comme

grandeurs statiquement indéterminées on a : un moment, un effort
tranchant et une force normale dans l'une quelconque des sections
du cadre, et, en outre, quatre, respectivement cinq, réactions d'appui.

Décomposons maintenant le chargement P en quatre autres partiels I, II, III et IV (fig. 2, 3, 4 et 5). Ceux-ci rassemblés donnent
de nouveau le chargement initial P. Il s'ensuit que l'on peut traiter

FIG. 1.

FIG. 2.

FIG. 3.

FIG. 4.

FIG. 5.

FIG. 6.

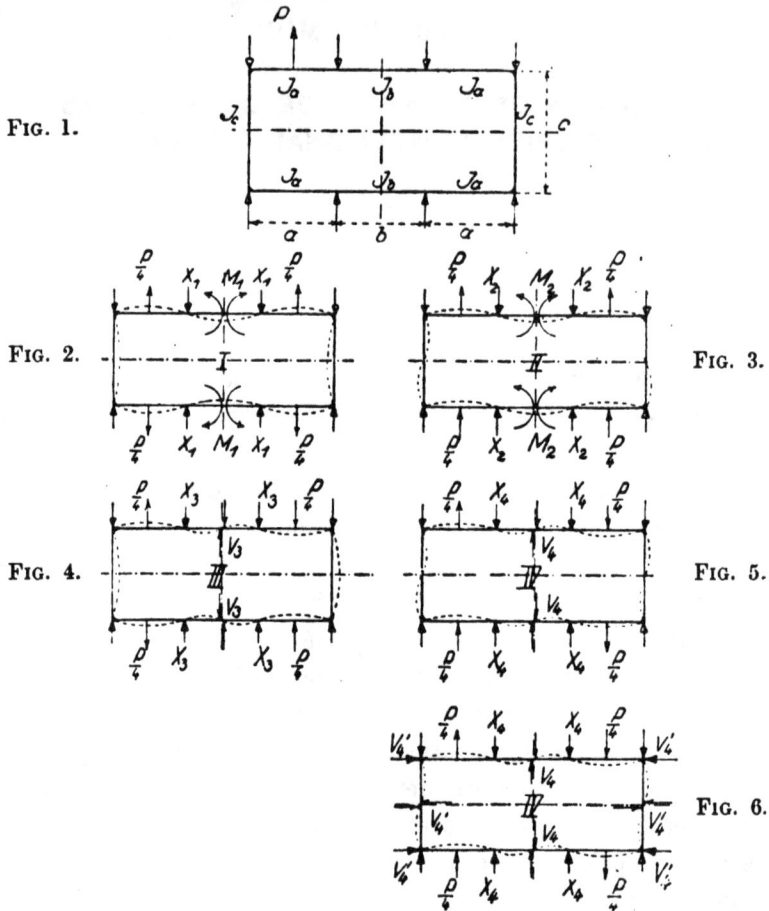

séparément chacun des chargements partiels et rassembler ensuite les
résultats isolés. Il suffit seulement d'établir les chargements partiels
de telle sorte qu'il en résulte la plus grande simplification possible
du calcul. C'est ce qui a lieu dans le problème en présence. Dans chacun
des chargements partiels, existe seulement deux indéterminées sta-

tiques ; l'un même n'en possède qu'une. Le résultat de la méthode est donc tel que le problème sept ou huit fois indéterminé est résoluble à l'aide de quatre calculs isolés dont chacun est à deux ou à une indéterminée. Un autre grand avantage de la méthode consiste en ce que les déterminations sont chaque fois relatives à l'une seulement des quatre parties de cadre.

Chargement partiel I. — Sont inconnus : le moment M_1 et la réaction d'appui X_1.

Chargement partiel II. — Sont inconnus : le moment M_2 et la réaction d'appui X_2.

Chargement partiel III. — Sont inconnus : l'effort tranchant V_3 et la réaction X_3.

Chargement partiel IV. — Est inconnue la réaction X_4.

L'effort tranchant V_4 dans ce changement est statiquement déterminable.

Si l'on admet que les points d'appuis sont fixes, il en résulte, dans le cas du chargement partiel IV, une nouvelle grandeur statiquement indéterminée, à savoir : la réaction d'appui horizontale V_4'. (Voir fig. 6.) Cette constatation est remarquable. L'existence d'une telle réaction horizontale ne serait pas ainsi révélée sans plus par les méthodes usuelles de calcul.

Dans les figures 2 à 6 sont représentées, en traits pointillés, les lignes élastiques approchées du cadre pour chacun des chargements partiels. Leur allure est facilement déterminée par la réflexion. Il est recommandable de toujours dessiner ces lignes car elles permettent de reconnaître rapidement le degré d'indétermination statique d'un état de charges. Elles aident en outre à rechercher quelle est l'inconnue que l'on doit introduire au mieux dans le calcul et quelle est sa place.

Comme on l'a déjà mentionné, on poursuit complètement et indépendamment le calcul de chacun des chargements partiels et l'on rassemble ensuite les quatre résultats. On remarque alors l'extrême avantage déjà signalé, consistant en ce que la détermination des moments, des forces normales et des efforts tranchants n'est relative dans chaque chargement partiel qu'à un seul quart du cadre. Les valeurs sont toujours les mêmes dans chacun des autres quarts ;

seulement elles sont ordonnées, selon les cas de charges, symétriquement ou inversement.

Avec ce qui précède, seront terminées provisoirement les considé-
rations relatives à ce cas quelque peu complexe. Il apparaît nécessaire
d'appliquer tout d'abord notre méthode à des cas plus simples, et puis
de traiter peu à peu des exemples plus difficiles.

Exemple 2. — *Poutre continue sur trois appuis* (fig. 7).

Le moment d'inertie est constant. Une charge concentrée P.
Le problème est à une seule indéterminée statique.

Décomposons le chargement P en deux autres partiels I et II,
figures 8 et 9. Le chargement partiel I est une seule fois statiquement

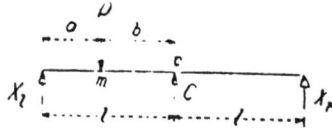

FIG. 7.

FIG. 8.

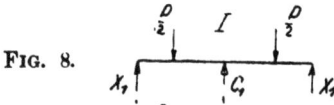

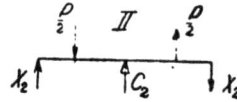

FIG. 9.

FIG. 10.

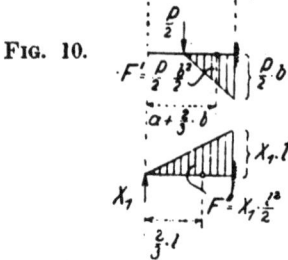

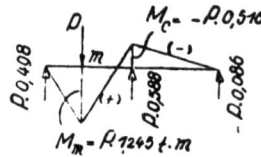

FIG. 11.   FIG. 12.

indéterminé. Comme inconnue introduisons la réaction d'appui extérieure X_1. La détermination s'étend seulement à l'une des moitiés de
la poutre. Le chargement partiel II est isostatique.

Chargement partiel I. — Nous déterminons la réaction d'appui X_1
à l'aide du déplacement élastique de l'extrémité de la poutre. Et cela
en admettant que le déplacement du point, causé par $\dfrac{P}{2}$ est égal à celui
causé par la réaction d'appui X_1. En d'autres termes : la somme des
déplacements du point extrême de la poutre doit être nulle.

La détermination des déplacements résultant des deux moments peut être, d'une manière simple, déduite par la méthode de Mohr. On obtient d'après cela le déplacement si l'on multiplie la surface des moments dus à l'état de charge par la distance de son centre de gravité à la direction du déplacement. Le produit est à diviser par I. E.

Les surfaces des moments dus à $\dfrac{P}{2}$ et à X_1 sont représentées figures 10 et 11.

Les surfaces sont

$$F' = \frac{P}{2} \times \frac{b^2}{2}$$

et

$$F'' = X_1 \times \frac{l^2}{2}.$$

Les distances des centres de gravité sont

$$a + \frac{2}{3} \times b \qquad \text{et} \qquad \frac{2}{3} \times l.$$

On doit avoir :

$$\delta' - \delta'' = 0.$$

Ou

$$\frac{P}{2} \times \frac{b^2}{2} \left(a + \frac{2}{3} \times b \right) - X_1 \times \frac{l^2}{2} \times \frac{2}{3} \times l = 0$$

si l'on pose I E $= 1$.

On en déduit la grandeur inconnue

$$X_1 = \frac{P}{2} \times \frac{b^2}{2 \times l^3} (3 \times a + 2 \, b).$$

Chargement partiel II. — Par suite des charges symétriquement inversées, aucune réaction n'est engendrée dans l'appui médian. La réaction de l'appui extrême se déduit simplement du moment dû au couple :

$$X_2 \times 2 \, l = \frac{P}{2} \times 2 \, b.$$

D'où

$$X_2 = \frac{P}{2} \times \frac{b}{l}$$

Le problème peut ainsi être considéré comme résolu.

Les réactions d'appui effectives sont, d'après la figure 7

$$X_l = X_1 + X_2$$

et

$$X_r = X_1 - X_2.$$

En outre

$$C = C_1 = P - 2 X_1.$$

Admettons l'exemple numérique suivant :

$$a = 2,5 \text{ m.}, \quad b = 3,5 \text{ m.}, \quad l = 6,0 \text{ m.}$$

On obtient

$$X_1 = P \times 0,206,$$
$$X_2 = \pm P \times 0,292.$$

Donc

$$X_l = P \times 0,206 + P \times 0,292 = P \times 0,498$$

et

$$X_r = P \times 0,206 - P \times 0,292 = - P \times 0,086.$$

En outre,

$$C = P - 2 P \times 0,206 = P \times 0,588.$$

L'établissement des moments se fait aussi en recherchant ceux produits par les chargements partiels et en réunissant les résultats. On obtient finalement

$$M_m = P \times 1,245 \text{ tm.}$$

et

$$M_c = - P \times 0,516 \text{ tm.}$$

Les réactions d'appuis et les moments sont clairement représentés figure 12.

Comme on le conçoit, la méthode n'est pas liée à un unique cas de charge isolée. Les exemples suivants montrent son application dans le cas de plusieurs charges et dans celui de charges uniformément réparties sur une certaine longueur de poutre.

Exemple 3. — *Poutre continue sur trois appuis, sollicitée par deux charges isolées* (fig. 13).

Les deux chargements partiels sont indiqués figures 14 et 15. Les autres recherches se déduisent d'une manière tout à fait analogue à celle exposée dans le précédent exemple.

Exemple 4. — *Poutre continue sur trois appuis dont une travée reçoit une charge uniformément répartie* (fig. 16).

Les deux chargements partiels I et II sont représentés figures 17 et 18. Le premier est à une seule inconnue statique. Le second est déterminable sans plus.

Fig. 13.

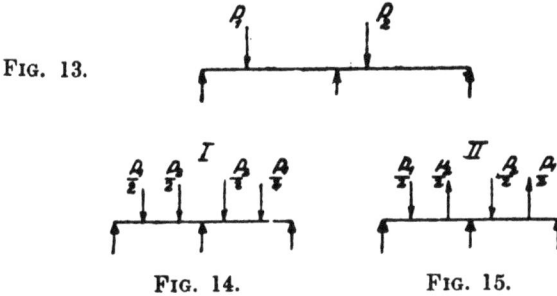

Fig. 14.   Fig. 15.

Chargement partiel I. — Introduisons de nouveau comme inconnue la réaction de l'appui extérieur et déterminons-la comme précédemment, à l'aide des déplacements élastiques du point extrême de la

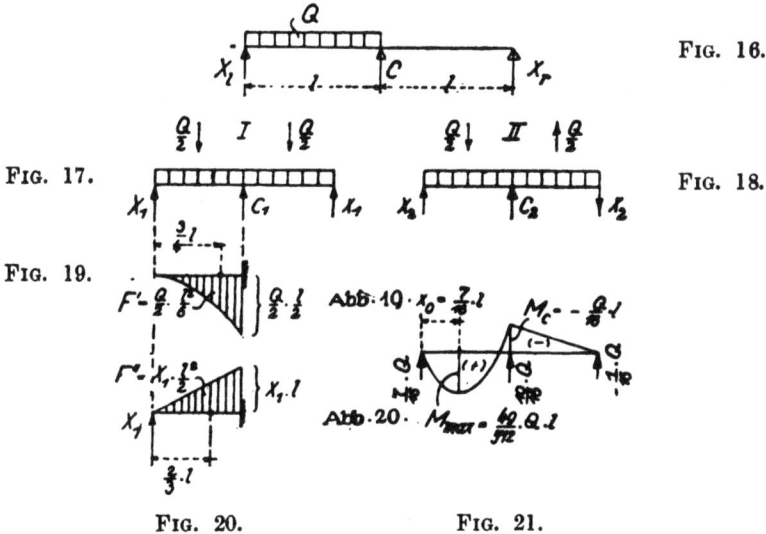

Fig. 16.

Fig. 17.

Fig. 18.

Fig. 19.

Fig. 20.   Fig. 21.

poutre. Est encore ici valable la condition que la somme des déplacements doit être égale à zéro. Les déplacements sont comme précédemment déterminés à l'aide des deux moments.

Les surfaces des moments sont représentées figures 19 et 20, une fois comme étant engendrées par $\frac{Q}{2}$; l'autre fois, par X_1. Les figures donnent aussi les distances des centres de gravité des surfaces à l'extrémité de la poutre.

On doit, par conséquent avoir

$$\delta' - \delta'' = 0$$

ou

$$\frac{Q}{2} \times \frac{l^2}{6} \times \frac{3}{4} l - X_1 \times \frac{l^3}{3} = 0.$$

D'où

$$X_1 = \frac{3}{8} \times \frac{Q}{2}.$$

Chargement partiel II. — La réaction de l'appui médian est de nouveau égale à zéro. On a donc la simple équation de moments

$$X_2 \times 2\,l = \frac{Q}{2} \times l.$$

Et l'on obtient

$$X_2 = \frac{1}{2} \times \frac{Q}{2}.$$

Le problème est donc résolu.

Les réactions d'appui effectives sont, d'après la figure 16 :

$$X_l = X_1 + X_2 = \frac{3}{8} \times \frac{Q}{2} + \frac{1}{2} \times \frac{Q}{2} = \frac{7}{16} \times Q$$

$$X_r = X_1 - X_2 = \frac{3}{8} \times \frac{Q}{2} - \frac{1}{2} \times \frac{Q}{2} = -\frac{1}{16} \times Q$$

$$C = C_1 = Q - 2\,X_1 = Q - \frac{6}{8} \times \frac{Q}{2} = \frac{10}{16} \times Q.$$

Il n'y a plus aucune difficulté à établir les moments. Le moment dans une section située à la distance x de l'appui gauche a la valeur

$$M_x = \frac{Q}{l} \times \frac{x^2}{2} - \frac{7}{16} \times Q\,x = Q \times \frac{x}{2} \left(\frac{x}{l} - \frac{7}{8} \right).$$

Le moment maximum a lieu pour $x_0 = \frac{7}{16}\,l.$

$$M_{max} = \frac{49}{512} \times Q\,l.$$

Au droit de l'appui médian, on a

$$M_c = - \frac{Q}{16} \times l.$$

Les moments agissant dans toute la poutre sont représentés figure 21.

Exemple 5. — *Poutre continue sur trois appuis et soumise à l'action d'une charge répartie suivant la surface d'un triangle* (fig. 22).

Le problème est à une seule indéterminée statique. Sa résolution suivant les méthodes usuelles, serait assez incommode.

FIG. 22.

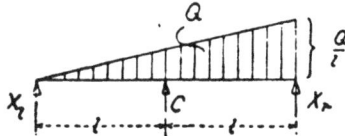

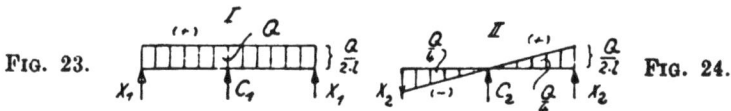

FIG. 23.   FIG. 24.

FIG. 25.   FIG. 26.

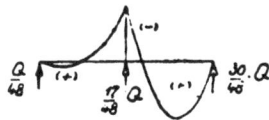

FIG. 27.

Décomposons le chargement en deux autres partiels I et II, figures 23 et 24. Le chargement partiel I renferme une seule indéterminée ; quant au chargement II, il est statiquement déterminable.

Chargement partiel I. — Choisissons comme inconnue statique la réaction des appuis extérieurs. Sa valeur a déjà été déterminée dans l'exemple précédent (chargement partiel I). Elle a également ici pour valeur

$$X_1 = \frac{3}{8} \times \frac{Q}{2} = \frac{3\,Q}{16}.$$

Chargement partiel II. — La réaction au milieu est nulle. En conséquence, les réactions des appuis extrêmes se déterminent simplement
à l'aide de l'équation des moments

$$\frac{Q}{4} \times \frac{2}{3} l \times 2 = X_2 \times 2\,l,$$

d'où

$$X_2 = \frac{1}{3} \times \frac{Q}{2} = \frac{Q}{6}.$$

Le problème est donc résolu. On obtient les réactions d'appui
suivantes :

$$X_l = X_1 - X_2 = \frac{3\,Q}{16} - \frac{Q}{6} = \frac{Q}{48},$$

et

$$X_r = X_1 + X_2 = \frac{3\,Q}{16} + \frac{Q}{6} = \frac{17}{48} \times Q.$$

En outre,

$$C = C_1 = Q - 2\,X_1 = Q - \frac{6}{16} \times Q = \frac{5}{8} \times Q.$$

Les moments agissant dans toute la poutre peuvent maintenant
être facilement établis. Il est opportun d'établir ensuite les moments
pour chaque chargement partiel et d'additionner les résultats.

Chargement partiel I. — Le moment à la distance x de l'extrémité
de la poutre est

$$M_x = \frac{3\,Q}{16} \times x - \frac{Q}{2\,l} \times \frac{x^2}{2} = \frac{Q\,x}{4}\left(\frac{3}{4} - \frac{x}{l}\right).$$

Les moments sont reportés figure 25.

Chargement partiel II. — Le moment à la distance x de l'appui
médian est

$$M_x = \frac{Q}{12} \times x - \frac{Q\,x}{2\,l^2} \times \frac{x}{2} \times \frac{x}{3} = \frac{Q\,x}{12}\left(1 - \frac{x^2}{l^2}\right).$$

Ces moments sont aussi représentés graphiquement (fig. 26).

En réunissant les deux courbes on obtient finalement les moments
effectifs dans la poutre, représentés figure 27. La figure renferme
aussi les vraies réactions d'appui.

Exemple 6. — *Poutre encastrée à ses deux extrémités et sollicitée par une charge concentrée* P *(fig. 28).*

Le problème est à deux indéterminées statiques. Sa résolution suivant les méthodes usuelles est très laborieuse, car il faut établir deux équations élastiques renfermant chacune deux inconnues.

Décomposons maintenant le chargement initial P en deux chargements partiels (fig. 29 et 30). Dans le cas du chargement I on a un

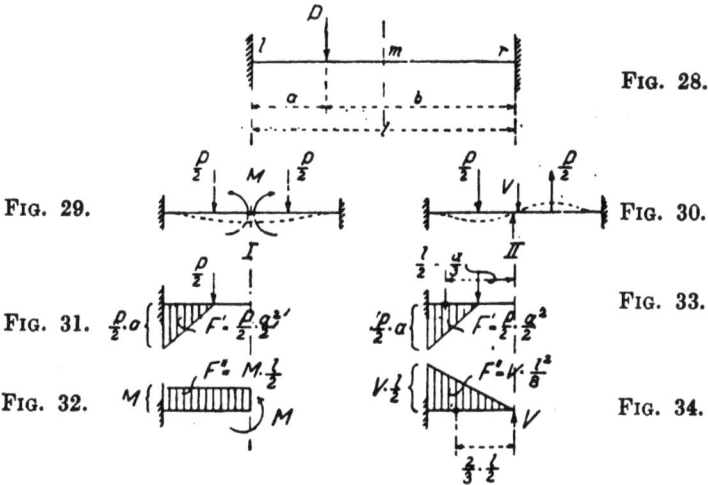

Fɪɢ. 28.

Fɪɢ. 29.

Fɪɢ. 30.

Fɪɢ. 31.

Fɪɢ. 33.

Fɪɢ. 32.

Fɪɢ. 34.

moment inconnu M ; et dans le cas du chargement II un effort tranchant dans le milieu de la barre. La conséquence de la décomposition du chargement est donc telle que les deux grandeurs statiquement indéterminées sont devenues indépendantes l'une de l'autre. A cela s'ajoute l'avantage que les déterminations s'étendent seulement chaque fois à l'une des moitiés de la poutre.

Chargement partiel I. — Nous déterminons la grandeur M à l'aide de la condition que la somme des rotations dans le milieu de la poutre, provoquées par $\dfrac{P}{2}$ et par M, doit être nulle.

Ces rotations se déterminent en divisant la surface des moments par IE. Les surfaces de moments engendrés par $\dfrac{P}{2}$ et par M sont représentées figures 31 et 32. On doit donc avoir

$$\frac{P}{2} \times \frac{a^2}{2} - M \times \frac{l}{2} = 0 \qquad\qquad I\,E = 1.$$

D'où la grandeur cherchée

$$M = \frac{P}{2} \times \frac{a^2}{l}.$$

Chargement partiel II. — Pour calculer l'effort tranchant inconnu V nous partons de la condition que la somme des déplacements du point d'application de V, déplacements engendrés par $\frac{P}{2}$ et par V, doit être nulle. Les déplacements se déterminent de nouveau facilement à l'aide du théorème des deux moments. Dans les figures 33 et 34 sont reportées les surfaces des moments en question, ainsi que les distances des centres de gravité. Nous écrivons, par conséquent,

$$\frac{P}{2} \times \frac{a^2}{2} \left(\frac{l}{2} - \frac{a}{3} \right) - V \times \frac{l^2}{8} \times \frac{2}{3} \times \frac{l}{2} = 0 \qquad\qquad I\,E = 1.$$

D'où

$$V = \frac{P}{2} \times \frac{2\,a^2}{l^3} (3\,l - 2\,a).$$

Le problème pourrait donc être considéré comme étant résolu. Les moments dans la poutre sont :

Moment d'encastrement de gauche

$$. \; M_l = M + V \times \frac{l}{2} - P\,a$$

$$= \frac{P}{2} \times \frac{a^2}{l} + \frac{P}{2} \times \frac{2\,a^2}{l^3} (3\,l - 2\,a)\,\frac{l}{2} - P\,a$$

$$= - P \times \frac{a\,b^2}{l^2}.$$

Moment d'encastrement de droite

$$M_r = M - V \times \frac{l}{2}$$

$$= \frac{P}{2} \times \frac{a^2}{l} - \frac{P}{2} \times \frac{2\,a^2}{l^3} (3\,l - 2\,a)\,\frac{l}{2}$$

$$= - P \times \frac{a^2\,b}{l^2}.$$

Moment sous la charge

$$M_a = M + V \left(\frac{l}{2} - a \right)$$

$$= \frac{P}{2} \times \frac{a^2}{l} + \frac{P}{2} \times \frac{2\,a^2}{l^3}\,(3\,l - 2\,a)\left(\frac{l}{2} - a\right)$$

$$= + 2\,P \times \frac{a^2\,b^2}{l^3}.$$

On a en outre les réactions d'appui

$$A_l = \frac{P}{2} + \cdot\frac{P}{2} - V$$

$$= P - P \times \frac{a^2}{l^3}\,(3\,l - 2\,a)$$

$$= P\left[1 - \frac{a^2}{l^3}\,(3\,l - 2\,a)\right]$$

et

$$A_r = \frac{P}{2} - \frac{P}{2} + V$$

$$= P\left[\frac{a^2}{l^3}\,(3\,l - 2\,a)\right].$$

Exemple 7. — *Poutre continue sur quatre appuis, sollicitée par une charge concentrée* P (fig. 35).

Le problème est à deux indéterminées statiques.

Le calcul se fera en partant des deux chargements partiels I et II (fig. 36 et 37). Dans le cas du chargement I on est en présence de l'inconnue X_1, réaction de l'appui extrême. Nous avons de même dans le cas du chargement II une seule inconnue statique qui est aussi la réaction de l'appui extrême. Dans les deux cas, les déterminations ne s'étendent qu'à la moitié de la poutre. Les grandeurs en question étant calculées, on a pour réactions d'appui

$$X_l = X_1 + X_2$$

et

$$X_r = X_1 - X_2.$$

Les réactions des appuis médians s'obtiennent par simple addition (en respectant les signes) des réactions d'appuis des chargements partiels.

La détermination des moments dans la poutre se fait au mieux en recherchant les moments dans chaque cas de chargement partiel et en additionnant les résultats.

Exemple 8. — *La même poutre, mais sollicitée par trois charges concentrées* (fig. 38).

Les chargements partiels à établir sont représentés figures 39 et 40. Il s'agit simplement de reprendre la méthode utilisée dans le cas d'une charge unique. Le reste du problème est le même qu'auparavant.

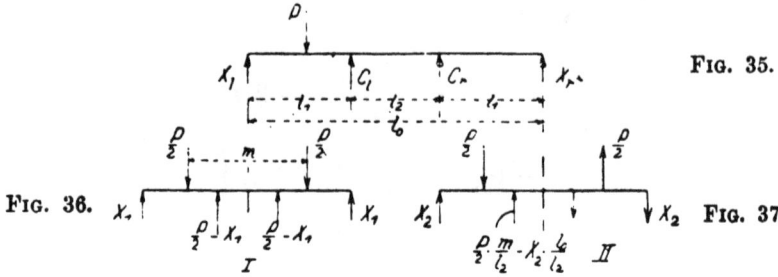

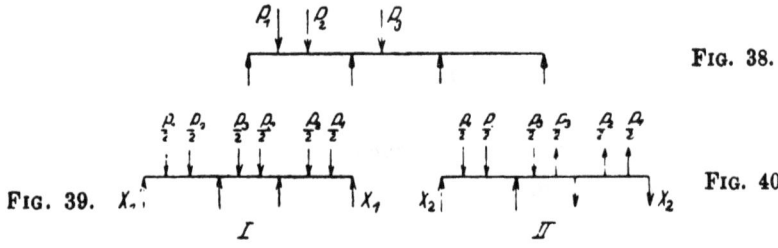

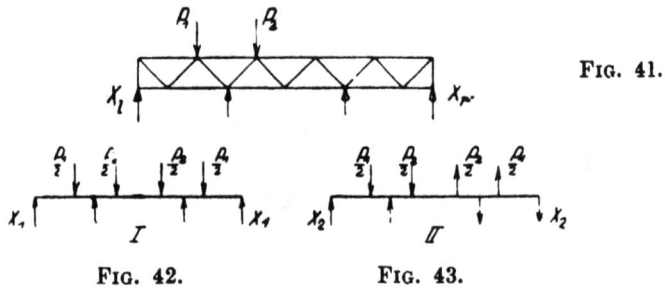

FIG. 35.

FIG. 36.   FIG. 37.

FIG. 38.

FIG. 39.   FIG. 40.

FIG. 41.

FIG. 42.   FIG. 43.

X_1 est l'inconnue dans le cas du chargement I, X_2 est celle relative au chargement II. Les déterminations ne s'étendent toujours qu'à l'une des moitiés de la poutre. On obtient de nouveau les réactions d'appui effectives

$$X_l = X_1 + X_2$$
$$X_r = X_1 - X_2.$$

Le reste du problème a été expliqué dans le précédent exemple.

Dans ce problème, comme dans les autres, on peut obtenir facilement les grandeurs inconnues en partant des déplacements élastiques et en appliquant le théorème des deux moments. La résolution peut aussi facilement être réalisée à l'aide des équations de condition connues

$$\int \frac{M_x}{I\,E} \times \frac{\delta\,M_r}{\delta\,X_1}\,dx = 0 \quad \text{et} \quad \int \frac{M_x}{I\,E} \times \frac{\delta\,M_x}{\delta\,X_2}\,dx = 0.$$

Exemple 9. — *Poutre en treillis reposant sur quatre appuis* (fig. 41).

Ce problème est introduit pour démontrer que notre méthode peut être appliquée avec autant d'avantages dans le cas d'une construction en treillis. Les chargements partiels I et II sont indiqués figures 42 et 43. X_1 est l'inconnue du chargement I, X_2 est celle du chargement II. Comme toujours les réactions d'appui effectives sont :

$$X_l = X_1 + X_2 \qquad X_r = X_1 - X_2.$$

Les déterminations ne s'étendent chaque fois qu'à l'une des moitiés de la poutre.

Pour déterminer la grandeur inconnue dans chaque chargement partiel, on utilisera l'équation de travail connue

$$\sum \frac{S_0\,S_1\,s}{F\,E} - X \sum \frac{S_1^2\,s}{F\,E} = 0.$$

On a,

dans le cas du chargement I :

$$X_1 = \frac{\sum \dfrac{S_0\,S_1\,s}{F}}{\sum \dfrac{S_1^2\,s}{F}},$$

dans le cas du chargement II :

$$X_2 = \frac{\sum \dfrac{S_0\,S_1\,s}{F}}{\sum \dfrac{S_1^2\,s}{F}}.$$

Sont désignés par :

S_0 les tensions du système dues aux charges $\dfrac{P}{2}$ dans le cas de X_1 respectivement $X_2 = 0$.

S_1 les tensions du système dues seulement au chargement $X_1 = -1$ respectivement $X_2 = -1$.

F et *s* les sections et longueurs des barres.

Il est opportun de déterminer les tensions pour chaque chargement partiel et de rassembler ensuite les résultats.

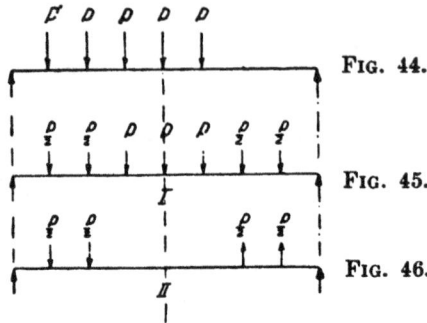

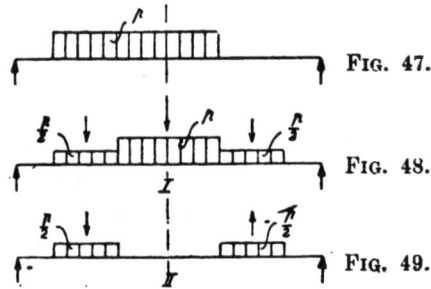

FIG. 44.

FIG. 45.

FIG. 46.

FIG. 47.

FIG. 48.

FIG. 49.

Les tensions dans le cas du chargement I sont

$$S_1 = S_0 - X_1 S_1,$$

et dans le cas du chargement II

$$S_2 = S_0 - X_2 S_1.$$

On inscrit ensuite avec clarté les valeurs relatives à chaque cas, et les valeurs finales sont facilement obtenues par addition.

Exemple 10 — *Groupe de charges de la figure 44.*

Notre but est d'ordonner ces forces de telle sorte que les chargements partiels soient symétriques ou symétriquement inversés par rapport à l'axe du système. Les états de charges en question I et II sont représentés (fig. 45 et 46).

Exemple 11. — *Charge uniformément répartie sur une certaine longueur* (fig. 47).

Il s'agit à nouveau de présenter les deux chargements partiels I et II ordonnés de telle sorte qu'ils soient symétriques ou symétriquement inversés par rapport à l'axe du système. Ils sont représentés figures 48 et 49.

Exemple 12. — *Cadre rigide sollicité unilatéralement par* P (fig. 50).

Ce problème est à trois indéterminées statiques. Dans chaque section on est en présence des grandeurs inconnues suivantes : un moment M, un effort tranchant V et une force normale N. La résolu-

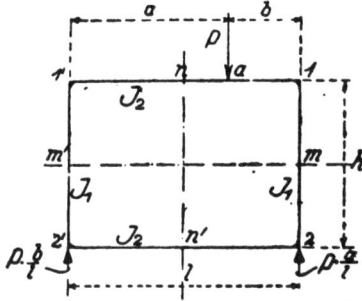

Fig. 50.

Fig. 51.

Fig. 53.

Fig. 52.

Fig. 54.

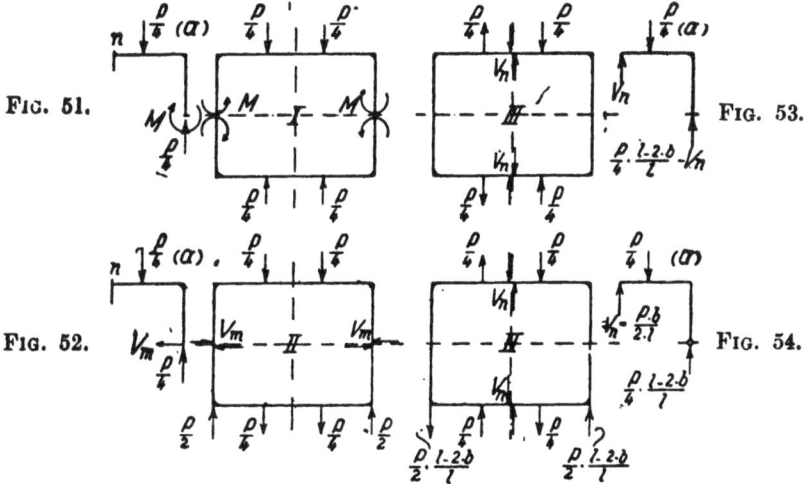

tion de ce problème suivant les méthodes usuelles exigerait trois équations élastiques à trois inconnues. On reconnaît qu'en outre de la détermination s'étendant à tout le cadre, cette méthode nécessiterait un travail extraordinaire.

Décomposons maintenant le chargement P en quatre autres partiels I, II, III, IV (fig. 51, 52, 53 et 54). Chacun des trois premiers est à une seule indéterminée et tous sont indépendants entre eux. Quant au quatrième chargement, il est statiquement déterminable. Dans tous les cas les déterminations s'étendent seulement à un seul quart du cadre.

Chargement partiel I. — Est inconnu le moment M dans la section *m*.

Chargement partiel II. — Est inconnu l'effort tranchant V_m dans la section *m*.

Chargement partiel III. — Est inconnu l'effort tranchant V_n dans la section *n*.

La détermination des **grandeurs** en question peut se faire facilement à l'aide des équations de condition connues :

Chargement partiel I :

$$\int \frac{M_x}{IE} \times \frac{\delta\,M_x}{\delta\,M}\,dx = 0.$$

Chargement partiel II :

$$\int \frac{M_x}{IE} \times \frac{\delta\,M_x}{\delta\,V_m}\,dx = 0.$$

Chargement partiel III :

$$\int \frac{M_x}{IE} \times \frac{\delta\,M_x}{\delta\,V_n}\,dx = 0.$$

Les déterminations ont aussi lieu aisément si l'on part du fait que dans chaque état de charges, les rotations et les déplacements des sections sollicitées par les grandeurs statiquement indéterminées doivent être nuls, et si l'on calcule ces rotations et déplacements à l'aide du théorème des deux moments. La méthode a été exposée dans les précédents exemples.

Les conditions de chargement valables pour chaque quart du cadre sont représentées dans les croquis secondaires *(a)* des figures 51 à 54. En outre, les figures 55 à 60 représentent pour chaque état de chargement les surfaces des moments dus à $\frac{P}{4}$ et aux grandeurs indéterminées.

Chargement partiel I. — La somme de toutes les rotations de la section m doit être nulle.

$$\frac{P}{4} \times b \left(\frac{l}{2} - b\right) \frac{1}{I_2} + \frac{P}{4} \times b \times \frac{b}{2} \times \frac{1}{I_2} - M \times \frac{h}{2} \times \frac{1}{I_1} - M \times \frac{l}{2} \times \frac{1}{I_2} = 0$$

$$E = 1.$$

D'où

$$M = P \times \frac{b}{4} \times \frac{a}{l + h \times \dfrac{I_2}{I_1}}.$$

FIG. 57.

FIG. 55.

FIG. 59.

FIG. 56.

FIG. 60.

FIG. 58.

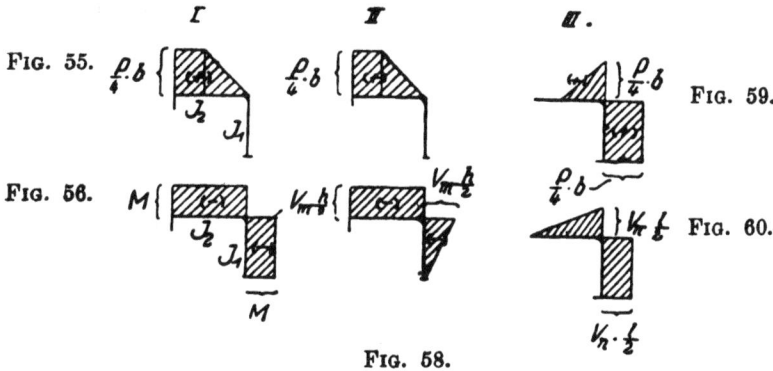

Chargement partiel II. — La somme de tous les déplacements de la section m doit être nulle.

$$\frac{P}{4} \times b \left(\frac{l}{2} - b\right) \frac{h}{2} \times \frac{1}{I_2} + \frac{P}{4} \times \frac{b^2}{2} \times \frac{h}{2} \times \frac{1}{I_2} -$$

$$- V_m \times \frac{h}{2} \times \frac{h}{4} \times \frac{2}{3} \times \frac{h}{2} \times \frac{1}{I_1} - V_m \times \frac{h}{2} \times \frac{l}{2} \times \frac{h}{2} \times \frac{1}{I_2} = 0$$

$$E = 1.$$

D'où

$$V_m = P \times \frac{b}{2 h} \times \frac{a}{l + \dfrac{h}{3} \times \dfrac{I_2}{I_1}}.$$

Chargement partiel III. — La somme de tous les déplacements de la section n doit être nulle.

$$\frac{P}{4} \times b \times \frac{b}{2} \left(\frac{l}{2} - \frac{b}{3}\right) \frac{1}{I_2} + \frac{P}{4} \times b \times \frac{h}{2} \times \frac{l}{2} \times \frac{1}{I_1} -$$

$$- V_n \times \frac{l}{2} \times \frac{l}{4} \times \frac{2}{3} \times \frac{l}{2} \times \frac{1}{I_2} - V_n \times \frac{l}{2} \times \frac{h}{2} \times \frac{l}{2} \times \frac{1}{I_1} = 0$$

$$E = 1.$$

D'où

$$V_n = P \times \frac{b}{2\,l^2} \times \frac{b\,(3\,l - 2\,b) + 3\,h\,l \times \frac{I_2}{I_1}}{l + 3\,h \times \frac{I_2}{I_1}}$$

Chargement partiel IV. — Statiquement déterminable.

Ceci établi, on peut considérer notre problème comme étant résolu. Il paraît opportun d'admettre un exemple numérique. Soient :

$$l = 8 \text{ m.,} \quad h = 5,5 \text{ m.,} \quad a = 5,5 \text{ m.,} \quad b = 2,5 \text{ m.,} \quad I_1 = 1,$$
$$I_2 = 2.$$

Chargement partiel I :

$$M = P \times \frac{2,5}{4} \times \frac{5,5}{8 + 5,5 \times \frac{2}{1}} = P \times 0,18092 \text{ tm.}$$

Chargement partiel II :

$$V_m = P \times \frac{2,5}{2 \times 5,5} \times \frac{5,5}{8 + \frac{5,5}{3} \times \frac{2}{1}} = P \times 0,10717 \text{ t.}$$

Chargement partiel III :

$$V_n = P \times \frac{2,5}{2 \times 64} \times \frac{2,5\,(24 - 5) + 3 \times 5,5 \times 8 \times \frac{2}{1}}{8 + 3 \times 5,5 \times \frac{2}{1}} = P \times 0,14839 \text{ t.}$$

Etablissement des moments :

Chargement partiel I :

$$M_m = -\,M = -\,P \times 0,18092 \text{ tm.}$$

$$M_1 = -\,M = -\,P \times 0,18092 \text{ tm.}$$

$$M_a = -\,M + \frac{P}{4} \times b$$

$$= -\,P \times 0,18092 + P \times 0,62500 = +\,P \times 0,44408 \text{ tm.}$$

$$M_n = - M + \frac{P}{4} \times b = + P \times 0,44408 \, \text{tm}.$$

Représentation des résultats (fig. 61).

Chargement partiel II :

$$M_m = 0$$

$$M_1 = - V_m \times \frac{h}{2} = - P \times 0,10717 \times 2,75 = - P \times 0,29472 \, \text{tm}.$$

$$M_a = - V_m \times \frac{h}{2} + \frac{P}{4} \times b$$

$$= - P \times 0,29472 + P \times 0,62500 = + P \times 0,33028 \, \text{tm}.$$

$$M_{,,} = - V_m \times \frac{h}{2} + \frac{P}{4} \times b = + P \times 0,33028 \, \text{tm}.$$

Représentation des résultats (fig. 62).

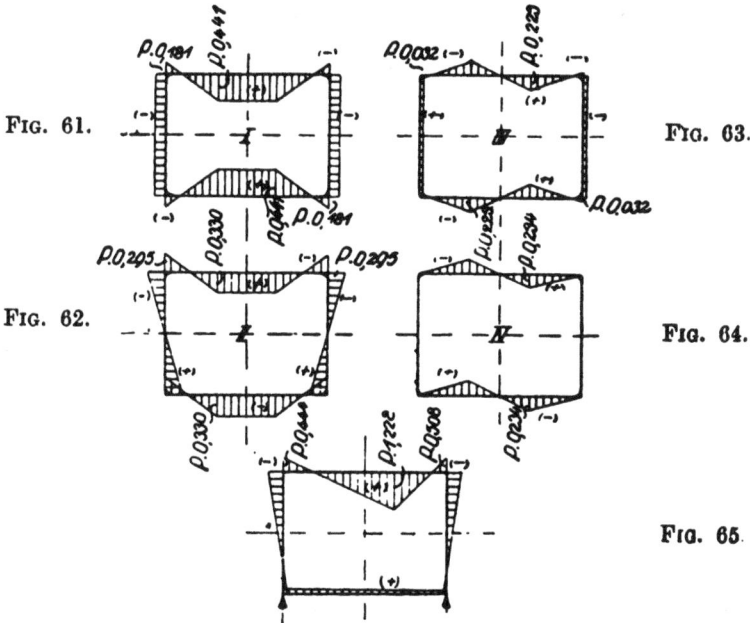

Fig. 61.

Fig. 62.

Fig. 63.

Fig. 64.

Fig. 65.

Chargement partiel III :

$$M_m = V_n \times \frac{l}{2} - \frac{P}{4} \times b$$

$$= P \times 0,14839 \times 4 - \frac{P}{4} \times 2,5$$

$$M_m = P \times 0,59356 - P \times 0,625500 = -P \times 0,03144 \text{ tm.}$$

$$M_1 = V_n \times \frac{l}{2} - \frac{P}{4} \times b = -P \times 0,03144 \text{ tm.}$$

$$M_a = V_n \left(\frac{l}{2} - b\right) = P \times 0,14839 \times 1,5 = +P \times 0,22259 \text{ tm.}$$

Représentation des résultats (fig. 63).

Chargement partiel IV :

$$M_m = 0$$

$$M_1 = 0$$

$$M_a = V_n \left(\frac{l}{2} - b\right) = \frac{P\,b}{2\,l}\left(\frac{l}{2} - b\right)$$

$$= P \times \frac{2,5}{16} \times 1,5 = +P \times 0,23438 \text{ tm.}$$

Représentation des résultats (fig. 64).

En additionnant les résultats on obtient les grandeurs reportées figure 65.

Par exemple :

$$M_a = P\,[+\,0,441 + 0,330 + 0,223 + 0,234]$$
$$= +P \times 1,228 \text{ tm.}$$

$$M_1 = P\,[-\,0,181 - 0,295 - 0,032]$$
$$= -P \times 0,508 \text{ tm.}$$

$$M_1' = P\,[-\,0,181 - 0,295 + 0,032]$$
$$= -P \times 0,444 \text{ tm.}$$

Exemple 13. — *Le même cadre, mais ses quatre coins sont reliés à des articulations fixes* (fig. 66).

Les conditions statiques sont les mêmes que précédemment jusqu'à la particularité signalée dans l'exemple 1. A savoir : en chaque angle est engendrée une réaction horizontale, qui modifie l'état statique en changeant les moments. L'existence d'une telle réaction résulte du chargement IV (fig. 67). Les conditions statiques des autres chargements partiels ne sont pas influencées par les nouveaux appuis. La figure 67 permet de reconnaître sans plus la cause de la réaction en question $V_m{}'$. Elle représente l'effort tranchant agissant comme nouvelle inconnue dans le milieu des poteaux verticaux. Donc, tandis que le cadre de l'exemple précédent était à trois indéterminées, celui-ci en renferme une quatrième : l'effort tranchant $V_m{}'$.

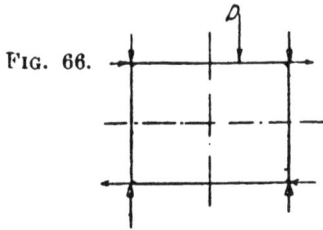

Fig. 66.

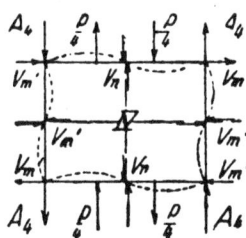

Fig. 67.

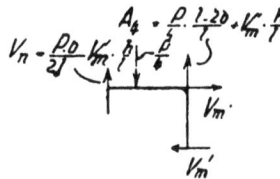

Fig. 68.

La figure 68 représente un quart du cadre soumis à ce chargement. L'inconnue statique à déterminer est donc $V_m{}'$. Cette grandeur change en outre les réactions verticales du cadre. Désignons par A_4 les réactions d'appui verticales dans le cas de ce chargement IV. Elles se montent à

$$A_4 = \frac{P}{4} \times \frac{l - 2\,b}{l} + V_m{}' \times \frac{h}{l}.$$

En partant de la figure 68, on peut établir la relation suivante :

$$\Sigma \text{ des forces verticales} = 0.$$

Donc

$$V_n + A_4 - \frac{P}{4} = 0$$

ou

$$V_n = \frac{P}{4} - A_4 = \frac{P}{4} - \frac{P}{4} \times \frac{l - 2\,b}{l} - V_m{}' \times \frac{h}{l}$$

$$= \frac{P\,b}{2\,l} - V_m{}' \times \frac{h}{l}$$

Toutes les forces concourant à l'équilibre du quart du cadre sont reportées figure 68. L'inconnue $V_m{}'$ est facilement déterminée, analoguement à ce qui précède, à l'aide de la condition que la somme des déplacements élastiques de la section m et dans la direction de V_m' doit être nulle. De la connaissance de cette grandeur, on peut déduire sans plus les moments sollicitant le cadre.

Tandis que dans le cadre précédent les réactions d'appui verticales effectives s'élevaient à $P \times \dfrac{b}{l}$ respectivement $P \times \dfrac{a}{l}$, on a dans ce cas en chaque coin de gauche

$$A_l = \frac{P\,b}{2\,l} + V_m' \times \frac{h}{l}$$

et en chaque coin de droite

$$A_r = \frac{P\,a}{2\,l} - V_m' \times \frac{h}{l}.$$

Exemple 14. — *Un cadre analogue aux précédents, mais sollicité latéralement par une charge concentrée* P (fig. 69).

Ce problème est à trois indéterminées statiques. Comme inconnues apparaissent dans le milieu de l'élément supérieur un moment, un effort tranchant et une force normale. Décomposons le chargement P en deux autres partiels I et II (fig. 70 et 71). Le premier chargement

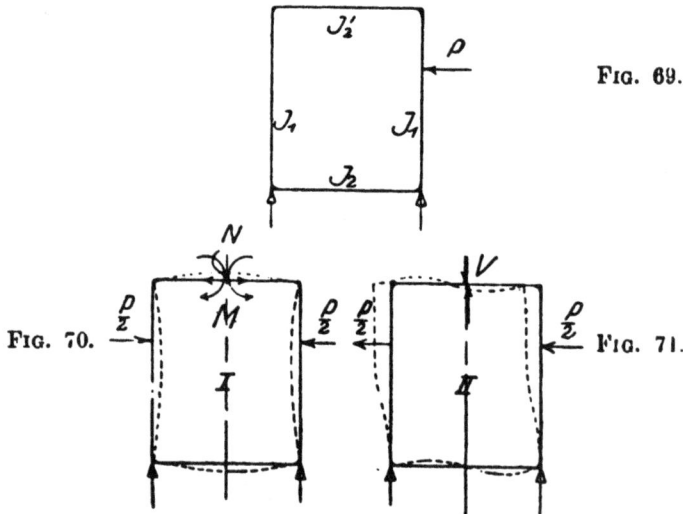

Fig. 69.

Fig. 70.   Fig. 71.

est à deux inconnues : un moment M et une force normale N dans le milieu de l'élément supérieur. Le chargement II présente seulement une indéterminée, à savoir : un effort tranchant V agissant à la même place. Le problème à trois indéterminées est donc divisé en deux autres, l'un à deux inconnues statiques, l'autre à une seule. A cela s'ajoute l'avantage que les déterminations ne s'étendent chaque fois qu'à l'une des moitiés du cadre.

Exemple 15. — *Un cadre double* (fig. 72), *sollicité unilatéralement par·P.*

Le problème est à six indéterminées. La résolution d'après la méthode usuelle — établissement de six équations élastiques à six inconnues — est pratiquement à peine possible. En tout cas, elle serait

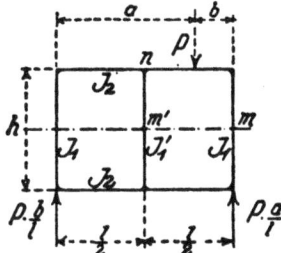

Fig. 72.

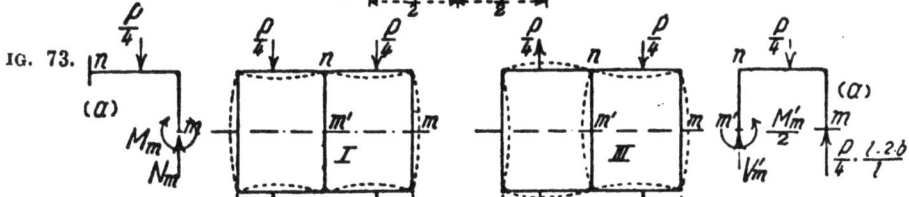

IG. 73.

Fig. 75.

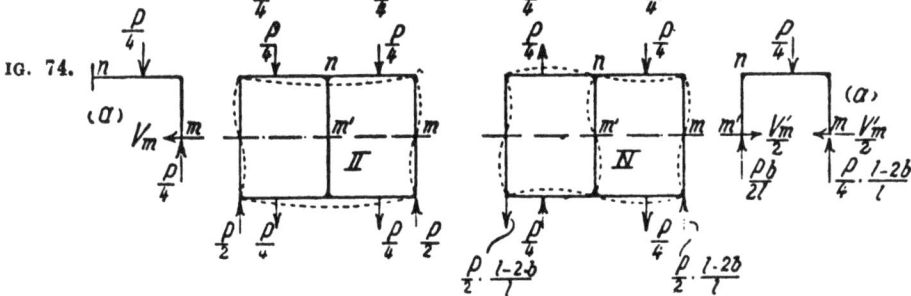

IG. 74.

Fig. 76.

extrêmement pénible et elle conduirait à des expressions ne laissant rien à désirer en tant que complications et lourdeur.

Décomposons maintenant le chargement P en quatre autres partiels I, II, III et·IV (fig. 73, 74, 75 et 76). Les déformations du cadre provoquées par ces chargements sont représentées dans les figures par les lignes pointillées. D'après cela, on peut reconnaître facilement le genre des indéterminées statiques. Si l'on suppose dans le cas du chargement I, les poteaux extrêmes coupés en leur milieu, il se produit en ce point un moment M_m et une force normale N_m. (Cf. aussi fig. 73 a.) Dans le cas du chargement II, il apparaît dans le milieu du même poteau un effort tranchant V_m. (Voir aussi fig. 74 a.) Dans le cas du chargement partiel III, nous avons les grandeurs inconnues $M_m{}'$ et $V_m{}'$ dans le milieu du poteau moyen. (Cf. aussi fig. 75 a.) Finalement le chargement partiel IV renferme l'effort tranchant inconnu $V_m{}'$. (Voir aussi fig. 76 a.)

Le résultat de notre méthode est satisfaisant. Au lieu de six équations à six inconnues, nous avons seulement chaque fois à établir et à résoudre deux équations à deux inconnues, respectivement une équation à une inconnue. A cela s'ajoute le grand avantage que les déterminations ne s'étendent dans chaque cas qu'à l'un des quarts du cadre.

La détermination des grandeurs statiquement indéterminées peut, dans chaque cas, s'effectuer simplement d'après le théorème des deux moments, où d'après les équations de condition suivantes :

Chargement partiel I :

$$\int \frac{M_x}{I\,E} \times \frac{\delta\,M_x}{\delta\,M_m}\,dx = 0 ; \qquad \int \frac{M_x}{I\,E} \times \frac{\delta\,M_x}{\delta\,V_m}\,dx = 0.$$

Chargement partiel II :

$$\int \frac{M_x}{I\,E} \times \frac{\delta\,M_x}{\delta\,V_m}\,dx = 0.$$

Chargement partiel III :

$$\int \frac{M_x}{I\,E} \times \frac{\delta\,M_x}{\delta\,M_m{}'}\,dx = 0 ; \qquad \int \frac{M_x}{I\,E} \times \frac{\delta\,M_x}{\delta\,V_m{}'}\,dx = 0.$$

Chargement partiel IV :

$$\int \frac{M_x}{I\,E} \times \frac{\delta\,M_x}{\delta\,V_m{}'}\,dx = 0.$$

Après la détermination des grandeurs en question, on établit les moments dans le cas de chaque chargement èt l'on rassemble ensuite les résultats.

Exemple 16. — *Cadre de la figure 77.*

Les coins au lieu d'être rigides sont articulés. La rigidité manquante est donnée par les contrefiches, lesquelles n'admettent que les forces longitudinales. Le problème est trois fois sta-tiquement indéterminé. La résolution est réali-sée de la même manière que dans l'exemple 12, à l'aide des chargements partiels I, II, III et IV (cf. fig. 51, 52, 53 et 54).

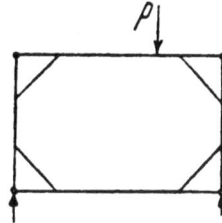

Chargement partiel I. — Inconnue : le mo-ment M.

FIG. 77.

Chargement partiel II. — Inconnue : l'effort tranchant V_m.

Chargement partiel III. — Inconnue : l'effort tranchant V_n.

Chargement partiel IV. — Isostatique.

Exemple 17. — *Le même cadre que le précédent, mais les coins sont raides* (fig. 78).

Ce problème est maintenant à sept indéterminées. Aux trois précé-dentes s'ajoutent les forces longitudinales X_a, X_b, X_c et X_d dans les contrefiches. Admettons que celles-ci soient inclinées à 45°. La réso-lution d'après la méthode usuelle — établissement de sept équations élastiques a autant d'inconnues — serait de nouveau très pénible et à peine exécutable.

Formons de nouveau les quatre chargements partiels I, II, III et IV (fig. 79, 80, 81 et 82). Nous avons dès lors simplement :

Chargement partiel I : Deux grandeurs inconnues, à savoir : le moment M_m et la composante X_1 due à l'effort longitudinal dans la contrefiche.

Chargement partiel II. — Deux grandeurs inconnues, à savoir : l'effort tranchant V_m et la composante X_2.

Chargement partiel III. — Deux grandeurs inconnues, à savoir : l'effort tranchant V_n et la composante X_3.

Chargement partiel IV. — Une inconnue : la composante X_4.

Maintenant nous n'avons qu'à résoudre des problèmes isolés ne renfermant qu'une ou deux indéterminées. Si l'on considère, en outre, qu'en raison de la symétrie des chargements partiels, les déterminations ne s'étendent comme habituellement qu'à un seul quart du cadre, on reconnaît que notre méthode simplifie les calculs d'une manière tout à fait générale.

Pour établir les moments, on suit toujours la même méthode, en déterminant tout d'abord les moments dus aux chargements partiels et en totalisant ensuite les résultats.

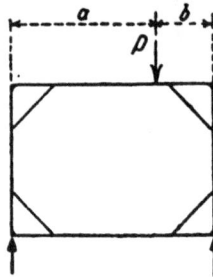

FIG. 78.

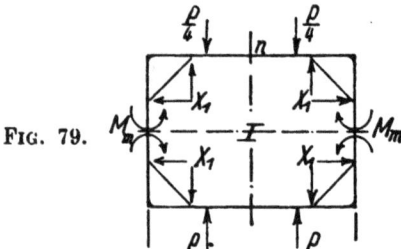

FIG. 79.

FIG. 80.

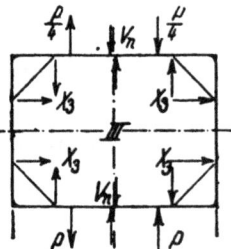

FIG. 81.

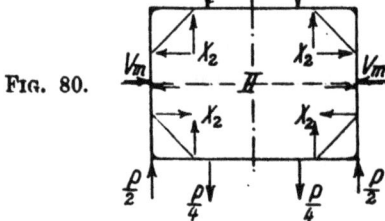

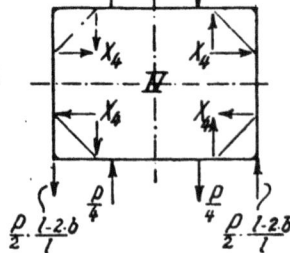

FIG. 82.

La détermination des grandeurs inconnues peut se faire facilement à l'aide des déplacements élastiques des points critiques ou aussi à l'aide des équations de condition répétées précédemment.

Exemple 18. — *Un portique fermé, construit comme un cadre rigide* (fig. 83).

Les charges attaquant les deux nœuds supérieurs sont inégales. Le degré d'indétermination ne peut être découvert sans plus. Mais, grâce à notre méthode, on voit de suite que le problème est à une seule inconnue. Établissons les chargements partiels I et II (fig. 84 et 85). Dans le cas du chargement I, seules des tensions de système (forces

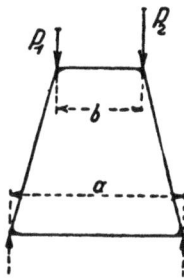

FIG. 83.

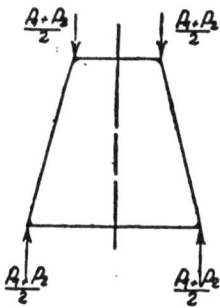

FIG. 84.

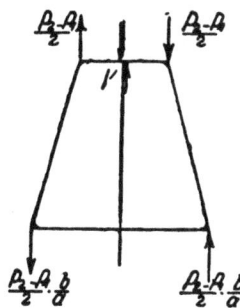

FIG. 85.

normales) sont en présence. Les forces sollicitantes se décomposent simplement dans les barres. Par conséquent, l'indéterminée statique doit se trouver dans le chargement II. L'effort tranchant V dans le milieu de la traverse supérieure apparaît ici comme étant la grandeur inconnue. Sa détermination, à l'aide des méthodes répétées précédemment, ne conduit à aucune difficulté.

Exemple 19. — *Cadre rigide de la figure 88, chargé unilatéralement par plusieurs forces.*

Les quatre chargements partiels représentés figures 89, 90, 91 et 92 sont déterminés facilement. Quant au reste, le problème est analogue à celui de l'exemple 12. Cet exemple est donné uniquement pour montrer que la méthode est aussi applicable si le cadre est sollicité par un nombre quelconque de charges.

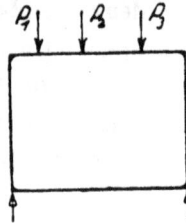

FIG. 88.

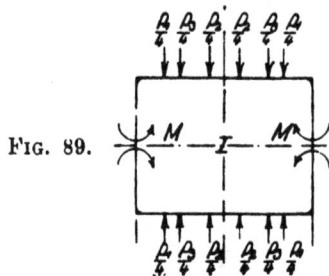

FIG. 89.

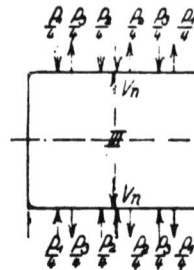

FIG. 91.

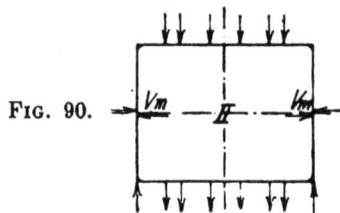

FIG. 90.

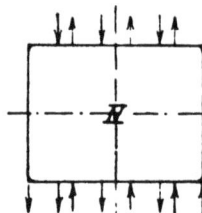

FIG. 92.

Exemple 20. — *Portique fermé chargé d'un seul côté par* P (fig. 93).

Le problème est à trois indéterminées. Dans chaque section, par exemple dans le sommet, sont engendrées les inconnues suivantes : un moment M, une force normale N et un effort tranchant V.

Notre méthode conduit aux deux chargements partiels I et II (fig. 94 et 95). Dans le cas du chargement I apparaissent deux grandeurs indéterminées : un moment M et un effort normal N dans le sommet de l'arc. Le chargement II ne présente qu'une seule inconnue : l'effort tranchant V au même endroit. Nous sommes ainsi arrivés à diviser le problème original à trois inconnues en deux calculs isolés, l'un à deux indéterminées statiques, l'autre à une seule. Pour les calculs qui suivent on a, de plus, l'avantage de ne considérer dans chaque cas qu'une moitié du cadre. Les grandeurs statiquement indéterminées sont calculées au mieux à l'aide des équations de condition suivantes :

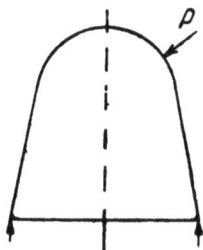

FIG. 93.

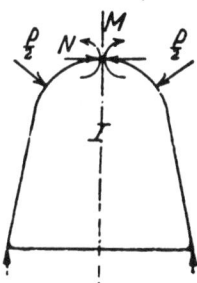

FIG. 94.

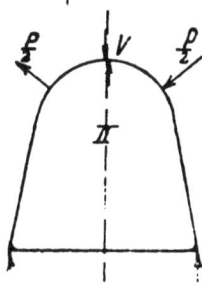

FIG. 95.

Chargement partiel I :

$$\int \frac{M_\varphi}{I\,E} \times \frac{\delta\,M_\varphi}{\delta\,M}\, ds = 0$$

$$\int \frac{M_\varphi}{I\,E} \times \frac{\delta\,M_\varphi}{\delta\,N}\, ds = 0.$$

Chargement partiel II :

$$\int \frac{M_\varphi}{I\,E} \times \frac{\delta\,M_\varphi}{\delta\,V}\, ds = 0.$$

Exemple 21. — *Un arc encastré à ses deux extrémités* (fig. 96).

Ce problème est aussi trois fois indéterminé. Dans le sommet de l'arc sont inconnus : le moment M, la force normale N et l'effort tranchant V.

Nous décomposons de nouveau le chargement P en deux autres partiels I et II (fig. 97 et 98). Nous avons comme ci-dessus pour inconnues (chargement I) le moment M et la force normale N dans le sommet de l'arc. Seul l'effort tranchant V est inconnu dans le cas du chargement II. Toutes les déterminations s'étendent de nouveau uniquement à une moitié de l'arc. Le calcul des grandeurs en question

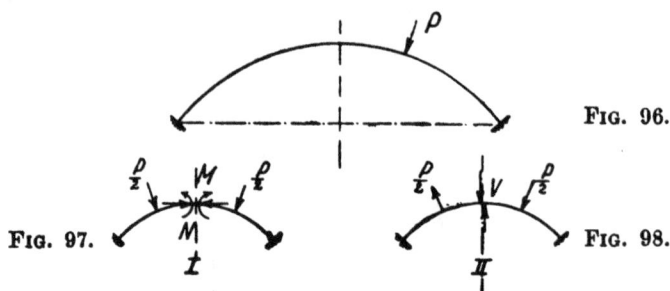

FIG. 96.

FIG. 97.   FIG. 98.

peut être conduit à l'aide des équations de condition mentionnées plus haut.

L'effet d'un changement de température également réparti dans l'arc correspond à l'état de chargement I. Il s'ensuit dans le sommet de l'arc un moment M et une force normale N.

Exemple 22. — *Un arc en treillis encastré sur ses deux retombées* (fig. 99).

Le chargement est provoqué de nouveau par une force P inclinée suivant une direction quelconque. Comme dans l'exemple précédent, le problème est à trois indéterminées. Les deux chargements qui

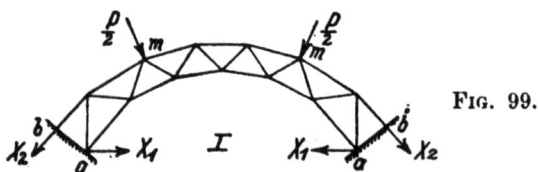

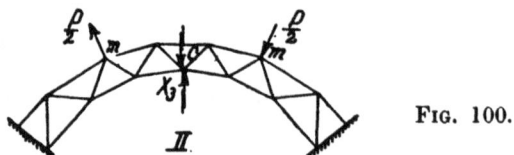

FIG. 99.

FIG. 100.

remplissent encore ici leur but sont représentés figures 99 et 100. Le chargement I possède deux inconnues et le chargement II une seule.

Chargement partiel I. — Conformément au but, introduisons comme inconnues la poussée horizontale $\overset{.}{X}_1$ et la tension de barre X_2. En raison de la symétrie du système et du chargement, les déterminations ne s'étendent qu'à une moitié de l'arc. Le calcul des inconnues peut être établi d'après les équations de travail :

$$\frac{P}{2} \times \delta_{am} - X_1 \times \delta_{aa} - X_2 \times \delta_{ab} = 0$$

$$\frac{P}{2} \times \delta_{bm} - X_1 \times \delta_{ba} - X_2 \times \delta_{bb} = 0.$$

Ou après introduction des déplacements :

$$\sum \frac{S_0 S_1 s}{F E} - X_1 \sum \frac{S_1^2 s}{F E} - X_2 \sum \frac{S_1 S_2 s}{F E} = 0$$

$$\sum \frac{S_0 S_2 s}{F E} - X_1 \sum \frac{S_1 S_2 s}{F E} - X_2 \sum \frac{S_2^2 s}{F E} = 0.$$

Formules dans lesquelles on désigne comme quantités connues :

S_0 les tensions dues au chargement $\frac{P}{2}$ dans le cas de $X_1 = 0$ et $X_2 = 0$.

S_1 les tensions dans le cas du chargement $X_1 = -1$.

S_2 les tensions dans le cas du chargement $X_2 = -1$.

s et F les longueurs et sections de chaque barre.

L'effet d'un changement de température également réparti dans le treillis correspond de nouveau au chargement I en présence. C'est-à-dire, il engendre les grandeurs X_1 et X_2. Dans ce cas, il faut dans les deux dernières équations de travail remplacer le terme positif gauche par l'expression :

$$\alpha t \times \Sigma S_1 s \text{ respectivement } \alpha t \times \Sigma S_2 s.$$

Chargement partiel II. — L'effort tranchant X_3 est l'inconnue statique agissant dans le nœud du sommet. Sa détermination est établie de nouveau à l'aide de l'équation de travail. Nous écrivons :

$$\frac{P}{2} \times \delta_{cm} - X_3 \delta_{cc} = 0.$$

Ou

$$\sum \frac{S_0 S_3 s}{F E} - X_3 \sum \frac{S_3 s^2}{F E} = 0.$$

Par conséquent

$$X_3 = \frac{\sum \dfrac{S_0 S_3 s}{F E}}{\sum \dfrac{S_3^2 s}{F E}}.$$

On désigne de nouveau par :

S_0 les tensions dues au chargement $\dfrac{P}{2}$ dans le cas de $X_3 = 0$

S_1 les tensions dues au chargement $X_3 = -1$.

Les calculs ne s'étendent de nouveau qu'à une **moitié** de l'arc.

Exemple 23. — *Un arc à montants multiples, encastré sur ses deux retombées et sollicité d'un côté et sur une certaine longueur par une charge uniformément répartie* (fig. 101).

Comme le précédent, le problème est à trois inconnues. Il est introduit ici pour montrer que la méthode s'applique encore à ce cas. Les

Fig. 101.

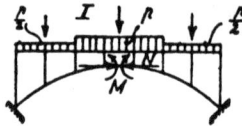

Fig. 102.

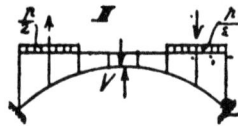

Fig. 103.

chargements conduisant de nouveau ici au but sont représentés figures 102 et 103. Chargement partiel I : inconnues le moment M et la force normale N dans le sommet de l'arc. Chargement partiel II : inconnue : l'effort tranchant V au même point.

Exemple 24. — *Un anneau de section constante chargé par trois forces P_1, P_2 et P_3* (fig. 104).

L'équilibre demande que les trois forces concourent en un même point. Leurs grandeurs sont établies à l'aide d'un polygone de forces (fig. 105).

Le problème est trois fois indéterminé. Dans chaque section on a pour inconnues : un moment M, un effort tranchant V et une force normale N. D'après la méthode de calcul usuelle on devrait donc poser trois équations élastiques où entreraient M, V et N, et à l'aide de ces relations déterminer les trois inconnues. Mais pratiquement il ne peut être question de suivre cette méthode ; on serait conduit à des expressions toujours plus complexes devant être abandonnées dès les premières recherches.

Mais à l'aide de notre méthode, la résolution est d'une surprenante simplicité. Nous arrivons à ramener la résolution du problème trois fois indéterminé à celle de trois autres indépendants entre eux et

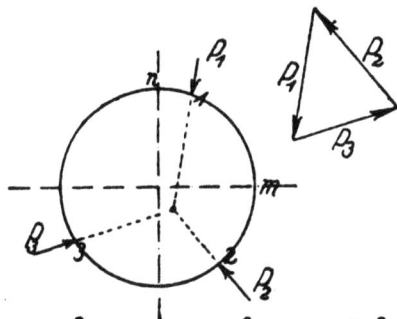

FIG. 104.

FIG. 105.

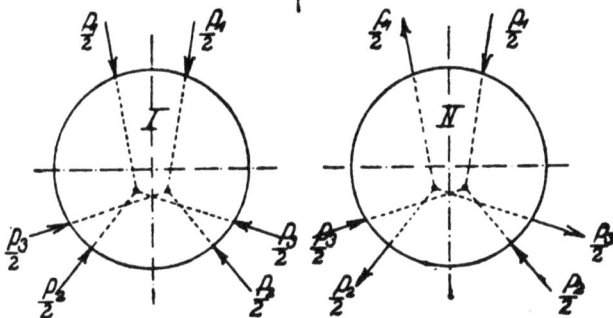

FIG. 106.   FIG. 107.

chacun des calculs ne renferme qu'une inconnue statique. Tout d'abord, décomposons le chargement en deux autres partiels I et II (fig. 106 et 107). La simplification est déjà sensible. Dans le cas du chargement I, on a uniquement pour inconnues dans la section *m* : un moment M et un effort tranchant V. Par contre, le chargement II n'engendre qu'une inconnue statique : l'effort tranchant V dans la section *n*. En outre, en raison de la symétrie du chargement, les déterminations s'étendent seulement dans chaque cas à une moitié de l'anneau ; c'est un nouvel avantage.

Cependant, décomposons encore les derniers chargements. Nous obtenons I_a, I_b, II_a et II_b (fig. 108, 109, 110 et 111). Le développement méthodique de cette décomposition est facilement reconnu. Il ne s'agit uniquement que d'une répétition du procédé indiqué exemple 12 dans le cas d'une charge isolée P. Ce qui alors fut entrepris

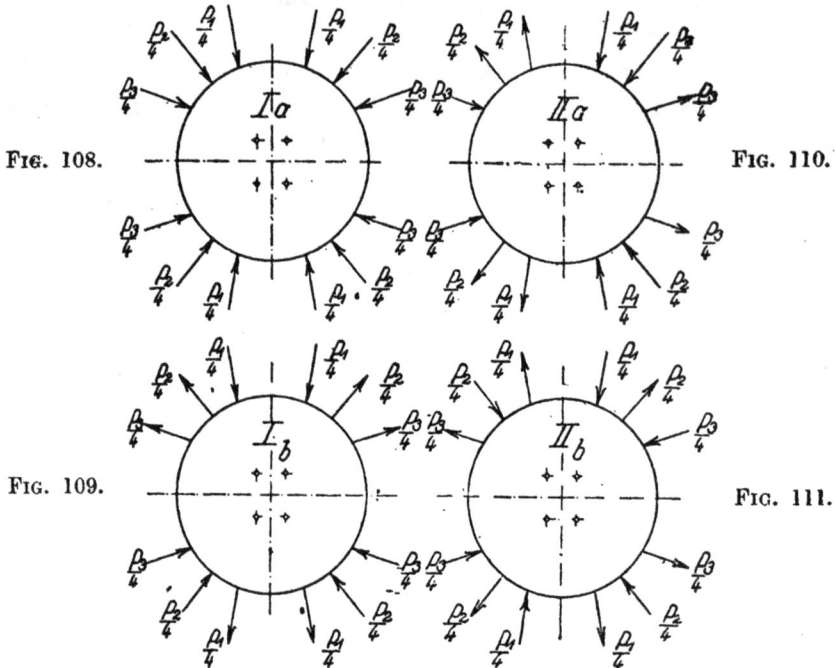

FIG. 108.

FIG. 110.

FIG. 109.

FIG. 111.

avec P doit l'être maintenant avec chacune des trois charges. Les chargements partiels I_a, I_b, II_a et II_b, étant rassemblés, on obtient de nouveau le chargement original de la figure 104.

Notre but est ainsi atteint. Nous sommes maintenant en présence de calculs isolés, ne renfermant chacun qu'une seule inconnue statique.

Chargement partiel I_a. — Le moment M_m est inconnu.

Chargement partiel I_b. — L'effort tranchant V_m est inconnu.

Chargement partiel II_a. — L'effort tranchant V_n est inconnu.

Chargement partiel II_b. — Isostatique.

Les figures 112, 113, 114 et 115 représentent encore une fois les états de chargements isolés, rapportés chaque fois à l'un des **quarts** de l'anneau. Du fait que les déterminations dans chaque cas ne s'étendent qu'à un seul quart de l'anneau, il résulte une importante simplification des calculs. Après avoir recherché les grandeurs incon-

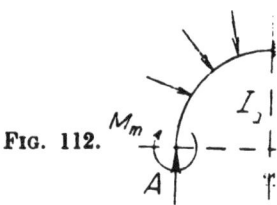

FIG. 112.

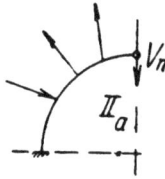

FIG. 114.

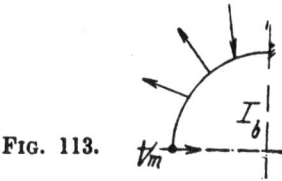

FIG. 113.

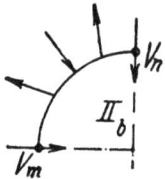

FIG. 115.

nues M_m, V_m et V_n, on détermine les moments dans le cas de chaque chargement partiel et l'on réunit ensuite les résultats. Dans chaque chargement partiel, et en concordance avec l'état de charges, les moments sont toujours symétriques et symétriquement opposés.

Exemple 25. — *Un anneau de section invariable* (fig. 116) *sollicité d'un seul côté par deux forces* P.

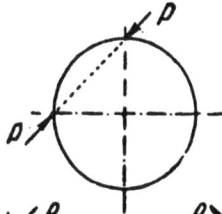

FIG. 116.

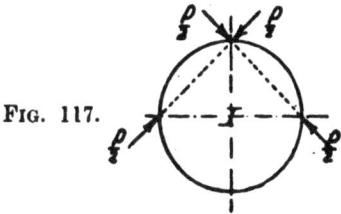

FIG. 117.

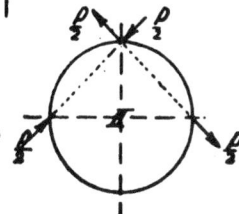

FIG. 118.

Le problème est également dans chaque section trois fois statiquement indéterminé. Les inconnues sont : un moment M, un effort tranchant V et une force normale N.

Décomposons tout d'abord le chargement initial en deux autres partiels I et II (fig. 117 et 118), puis faisons de même pour ces derniers. On a ainsi les états de charge I_a, I_b et II_a, II_b (fig. 119, 120, 121

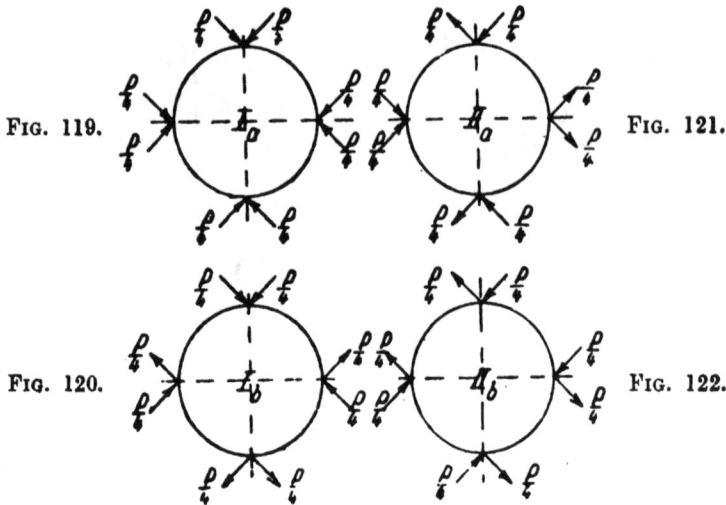

FIG. 119.

FIG. 121.

FIG. 120.

FIG. 122.

et 122). Nous avons ainsi atteint notre but, puisque nous avons ramené le problème trois fois statiquement indéterminé à trois autres ne renfermant chacun qu'une seule inconnue statique.

Chargement partiel I_a. — Le moment M_m est inconnu.

Chargement partiel I_b. — L'effort tranchant V_m est inconnu.

Chargement partiel II_a. — L'effort tranchant V_n est inconnu.

Chargement partiel II_b. — Isostatique.

Détermination des grandeurs inconnues :

Chargement partiel I_a (fig. 123).

M_m se calcule d'après

$$\int \frac{M_\varphi}{I\,E} \times \frac{\delta M_\varphi}{\delta M_m}\,ds = 0.$$

$$M_\varphi = \frac{P}{4} \times \frac{\sqrt{2}}{2} \times r\,(1 - \cos \varphi) - \frac{P}{4} \times \frac{\sqrt{2}}{2} \times r \sin \varphi + M_m$$

$$\frac{\delta M_\varphi}{\delta M_m} = 1.$$

$$\int_0^{\frac{\pi}{2}} \left[\frac{P}{4} \times \frac{\sqrt{2}}{4} \times r^2 (1 - \cos \varphi - \sin \varphi) + M_m r \right] d\varphi = 0$$

$$= - \frac{P}{4} \times \frac{\sqrt{2}}{2} \times r^2 \left(2 - \frac{\pi}{2} \right) + M_m r \frac{\pi}{2} = 0.$$

D'où l'inconnue statique

$$M_m = \frac{P}{4} \times \frac{\sqrt{2}}{2} \times r \times 0,2733.$$

On obtient les moments suivants :

Dans la section m

$$M_m = \frac{P}{4} \times \frac{\sqrt{2}}{2} \times r \times 0,2733 = + P r \times 0,0483.$$

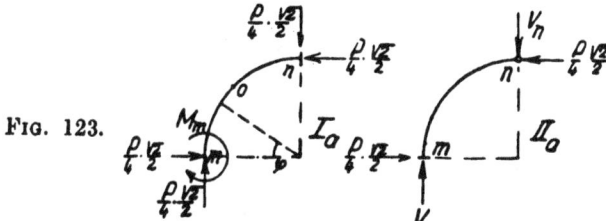

FIG. 123.   FIG. 125.

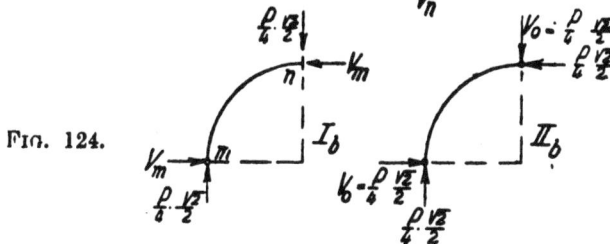

FIG. 124.   FIG. 126.

Dans la section 0

$$M_0 = \frac{P}{4} \times \frac{\sqrt{2}}{2} \times r (1 - 0,7071 - 0,7071 + 0,2733)$$

$$= - P r \times 0,0249.$$

Dans la section n

$$M_n = \frac{P}{4} \times \frac{\sqrt{2}}{2} \times r (1 - 0 - 1 + 0,2733)$$

$$= + P r \times 0,0483.$$

Les moments sollicitant l'anneau complet sont, à l'aide des valeurs remarquables précédentes, représentés schématiquement figure **127**.

Chargement partiel I$_b$ (fig. 124).

V$_m$ se détermine d'après

$$\int \frac{M_{\bar{\varphi}}}{I\,E} \times \frac{\delta\,M_{\bar{\varphi}}}{\delta\,V_m} \times ds = 0$$

$$M_{\bar{\varphi}} = \frac{P}{4} \times \frac{\sqrt{2}}{2} \times r\,(1 - \cos\,\varphi) - V_m\,r\,\sin\,\varphi$$

$$\frac{\delta\,M_{\bar{\varphi}}}{\delta\,V_m} = -\,r\,\sin\,\varphi$$

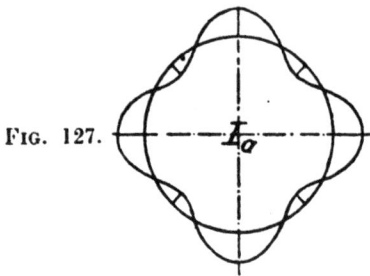

Fig. 127.

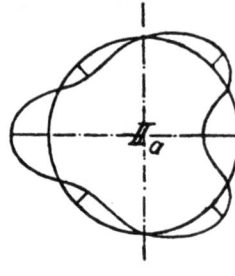

Fig. 129.

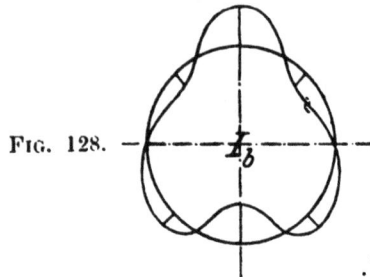

Fig. 128.

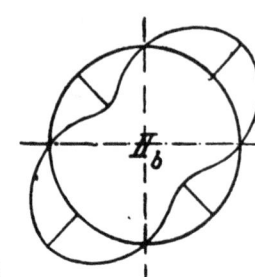

Fig. 130.

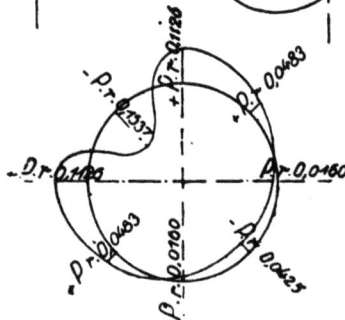

Fig. 131.

$$\int_0^{\frac{\pi}{2}} \left[-\frac{P}{4} \times \frac{\sqrt{2}}{2} \times r^3\,(\sin\,\varphi - \sin\,\varphi\,\cos\,\varphi) + V_m\,r^3\,\sin^2\,\varphi \right] d\,\varphi = 0$$

$$= -\frac{P}{4} \times \frac{\sqrt{2}}{2} \times r^3 \times \frac{1}{2} + V_m\,r^3 \times \frac{\pi}{4} = 0.$$

D'où l'inconnue statique

$$V_m = \frac{P}{4} \times \frac{\sqrt{2}}{2} \times 0,6366.$$

On obtient les moments suivants :

Dans la section m

$$M_m = 0.$$

Dans la section 0

$$M_0 = \frac{P}{4} \times \frac{\sqrt{2}}{2} \times r\,(1 - 0,7071 - 0,6366 \times 0,7071)$$

$$= - \text{P} \times r \times 0,0278.$$

Dans la section n

$$M_n = \frac{P}{4} \times \frac{\sqrt{2}}{2} \times r\,(1 - 0 - 0,6366)$$

$$= + \text{P}\,r \times 0,0643.$$

Les moments sollicitant l'anneau sont, à l'aide des valeurs remarquables précédentes, représentés schématiquement figure 128.

Chargement partiel II_a (fig. 125).

L'état de chargement est le même que le I_b ; il est seulement tourné de 90°. L'inconnue statique est donc comme précédemment

$$V_n = \frac{P}{4} \times \frac{\sqrt{2}}{2} \times 0,6366.$$

De ce fait, les moments sont aussi les mêmes. (Voir la représentation graphique figure 129.)

Chargement partiel II_b (fig. 126).

Ce cas est isostatique.

On obtient les moments suivants :

Dans la section m

$$M_m = 0.$$

Dans la section 0

$$M_0 = \frac{P}{4} \times \frac{\sqrt{2}}{2} \times r\,(1 - \cos\varphi) - \frac{P}{4} \times \frac{\sqrt{2}}{2} \times r\sin\varphi$$

$$= \frac{P}{4} \times \frac{\sqrt{2}}{2} \times r\,(1 - 0,7071 - 0,7071)$$

$$= - \text{P}\,r \times 0,0732.$$

Dans la section n

$$M_n = 0.$$

Grâce à ces valeurs remarquables, les moments sollicitant l'anneau sont représentés figure 130.

Pour obtenir les moments effectifs dans l'anneau, il suffit d'additionner les résultats obtenus dans chaque chargement partiel. Les valeurs finales sont représentées schématiquement figure 131.

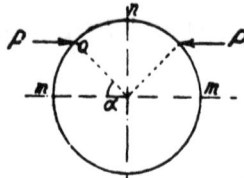

FIG. 132.

FIG. 133. 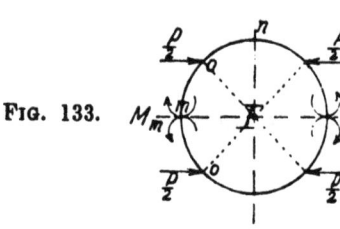 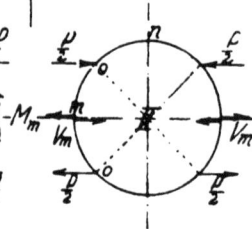 FIG. 134.

FIG. 135. 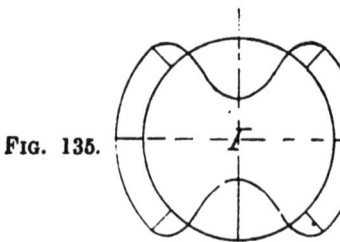 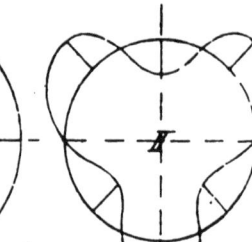 FIG. 136.

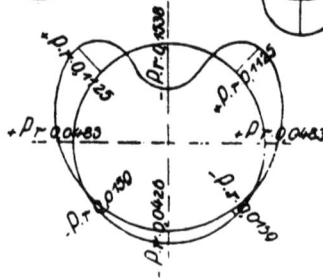

FIG. 137.

Pour obtenir les sections de l'anneau, il faut encore considérer les forces normales et les efforts tranchants. Ces grandeurs pour chaque section sont facilement déterminables. Il faut encore remarquer que l'on peut négliger l'influence minime des déformations dues aux efforts tranchants et aux forces normales dans la détermination des inconnues statiques. Remarquer à ce sujet ce qui a été dit au début de ce chapitre.

Notre problème peut aussi être résolu très simplement si on admet que le chargement des forces P est disposé parallèlement à un axe de symétrie (fig. 132). Si l'on considère alors les sections m et n, le problème est à deux inconnues statiques. Afin de les séparer, décomposons le chargement suivant I et II (fig. 133 et 134). Les calculs relatifs à ces derniers n'ont plus qu'une inconnue statique. Dans le cas du chargement partiel I, le moment M_m est inconnu et l'effort tranchant V_m l'est dans le cas du chargement II. Les intégrations ne s'étendent chaque fois qu'à un seul quart de l'anneau.

Chargement partiel I (fig. 133).

M_m se détermine par

$$\int \frac{M_\varphi}{I\,E} \times \frac{\delta\,M_\varphi}{\delta\,M_m}\,ds = 0$$

(De m à 0.)

$$M_\varphi = + M_m \qquad\qquad \frac{\delta\,M_\varphi}{\delta\,M_m} = 1$$

$$\int_0^{\frac{\pi}{4}} M_m\,r\,d\varphi = M_m\,r \times \frac{\pi}{4} \qquad\qquad [1]$$

(De 0 à n.)

$$M_\varphi = -\frac{P}{2} \times r\,(\sin\varphi - \sin\alpha) + M_m$$

$$\frac{\delta\,M_\varphi}{\delta\,M_m} = 1$$

$$\int_{\frac{\pi}{4}}^{\frac{\pi}{2}} \left[-\frac{P}{2} \times r^2\,(\sin\varphi - \sin\alpha) + M_m\,r \right] d\varphi$$

$$= -\frac{P}{2} \times r^2 \times \frac{\sqrt{2}}{2}\left(1 - \frac{\pi}{4}\right) + M_m\,r \times \frac{\pi}{4} \qquad [2]$$

Résumé :

$$-\frac{P}{2} \times r^2 \times \frac{\sqrt{2}}{2}\left(1 - \frac{\pi}{4}\right) + M_m\,r \times \frac{\pi}{4} + M_m\,r \times \frac{\pi}{4} = 0.$$

Par conséquent

$$M_m = + P r \times 0{,}0483.$$

On obtient les moments suivants :

$$M_m = + P r \times 0{,}0483$$

$$M_o = + P r \times 0{,}0483$$

$$M_n = - \frac{P}{2} r \, (1 - 0{,}7071) + P r \times 0{,}0483$$

$$= - P r \times 0{,}0982.$$

La figure 135 donne, à l'aide des valeurs remarquables précédentes, les moments sollicitant l'anneau.

Chargement partiel II (fig. 134).

V_m se détermine d'après

$$\int^{\cdot} \frac{M_{\widetilde{\varphi}}}{I\,E} \times \frac{\delta M_{\widetilde{\varphi}}}{\delta V_m} \, ds = 0.$$

(De *m* à 0.)

$$M_{\widetilde{\varphi}} = V_m \, r \sin\varphi \qquad\qquad \frac{\delta M_{\widetilde{\varphi}}}{\delta V_m} = r \sin\varphi$$

$$\int_0^{\frac{\pi}{4}} V_m r^3 \sin^2\varphi \, d\varphi = V_m \, r^3 \times \frac{1}{4}\left(\frac{\pi}{2} - 1\right) \qquad [1]$$

(De 0 à *n*.)

$$M_{\widetilde{\varphi}} = - \frac{P}{2} \times r \, (\sin\varphi - \sin\alpha) + V_m \, r \sin\varphi$$

$$\frac{\delta M_{\widetilde{\varphi}}}{\delta V_m} = r \sin\varphi$$

$$\int_{\frac{\pi}{4}}^{\frac{\pi}{2}} \left[-\frac{P}{2} \times r^3 \, (\sin^2\varphi - \sin\varphi \sin\alpha) + V_m \, r^3 \sin^2\varphi \right] d\varphi$$

$$= - \frac{P}{2} \times r^3 \times \frac{1}{4}\left(\frac{\pi}{2} - 1\right) + V_m \, r^3 \times \frac{1}{4}\left(\frac{\pi}{2} + 1\right) \qquad [2]$$

Résumé :

$$- \frac{P}{2} \times r^3 \times \frac{1}{4}\left(\frac{\pi}{2} - 1\right) + V_m \, r^3 \times \frac{1}{4}\left(\frac{\pi}{2} - 1\right) + V_m \, r^3 \times \frac{1}{4}\left(\frac{\pi}{2} + 1\right) = 0.$$

Par conséquent :

$$V_m = \frac{P}{2} \times \frac{\pi - 2}{2\,\pi} = P \times 0,0908.$$

On obtient les moments suivants :

$$M_m = 0$$

$$M_0 = V_m\, r \sin \alpha = + P\, r \times 0,0642$$

$$M_n = -\frac{P}{2} \times r \left(\sin \frac{\pi}{2} - \sin \frac{\pi}{4} \right) + V_m\, r \sin \frac{\pi}{2}$$

$$= - P\, r \times 0,0556.$$

La figure 136 donne la représentation graphique des moments dans tout l'anneau.

On obtient ensuite les moments réels dans l'anneau en additionnant les résultats partiels. Les valeurs finales sont représentées schématiquement figure 137. Les résultats correspondent avec ceux de la précédente solution.

Exemple 26. — *Un anneau de section constante* (fig. 138), *sollicité par les trois forces* P_1, P_2 *et* P_3.

Les points d'application des forces sont dans chaque cas placés au milieu de l'arc formant un des quarts de l'anneau. Les grandeurs des forces sont données par le plan de la figure 139.

De nouveau, décomposons le chargement en deux autres partiels I et II (fig. 140 et 141) et enfin en les quatre suivants, I_a, I_b, II_a, II_b (fig. 142, 143, 144 et 145). Le problème original à trois inconnues statiques est ainsi ramené à des calculs isolés, ne renfermant chacun qu'une indéterminée. Les faisceaux de forces agissant en chaque point sont rassemblés chaque fois en leur composante. Les figures 146, 147, 148 et 149 représentent alors les quatre états de chargement partiels. La résolution du problème (fig. 138), qui autrement demanderait des calculs pénibles, est maintenant considérablement simplifiée. Les déterminations ne s'étendent dans chaque cas qu'à un seul quart de l'anneau.

Chargement partiel I_a (fig. 146).

Le moment M_m est inconnu. On le détermine à l'aide de l'équation de condition

$$\int \frac{M_\varphi}{I\,E} \times \frac{\delta\,M_\varphi}{\delta\,M_m}\, ds = 0.$$

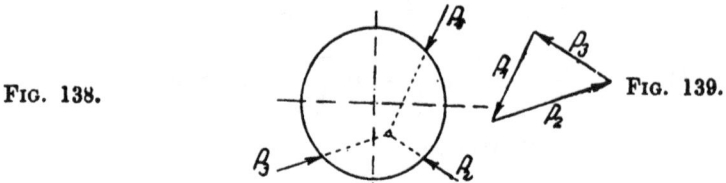

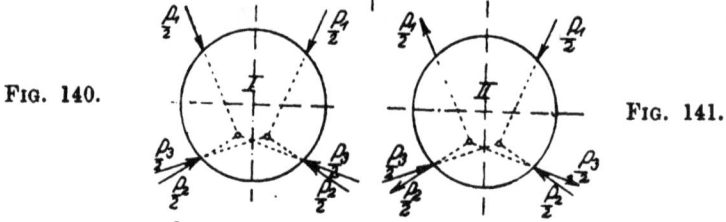

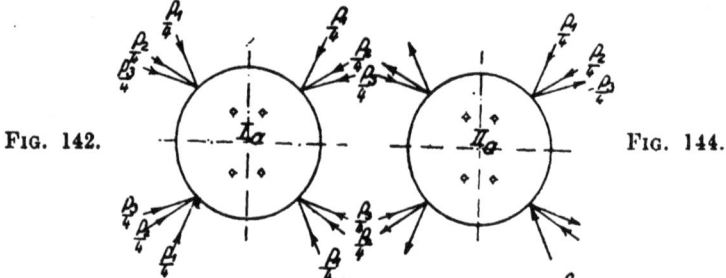

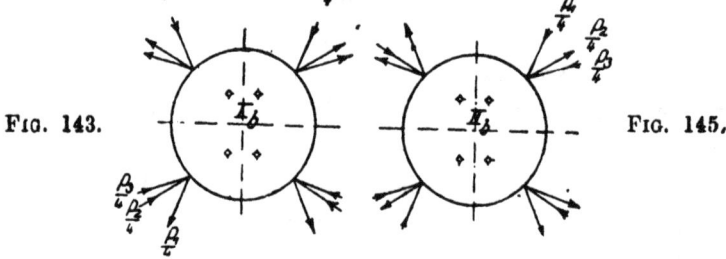

FIG. 138.   FIG. 139.

FIG. 140.   FIG. 141.

FIG. 142.   FIG. 144.

FIG. 143.   FIG. 145,

(De *m* à 0.)

$$M_\varphi = R_1 \sin\beta \times r\,(1 - \cos\varphi) + M_m$$

$$\frac{\delta\,M_\varphi}{\delta\,M_m} = 1$$

$$\int_0^{\frac{\pi}{4}} [R_1 \sin \beta \times r^2 (1 - \cos \varphi) + M_m r] \, d\varphi$$

$$= R_1 \sin \beta \times r^2 \left(\frac{\pi}{4} - \frac{\sqrt{2}}{2}\right) + M_m r \times \frac{\pi}{4}. \qquad [1]$$

(De 0 à n.)

$$M_{\tilde{\gamma}} = R_1 \sin \beta \times r (1 - \cos \alpha) - R_1 \cos \beta \times r (\sin \varphi - \sin \alpha) + M_m$$

$$\frac{\delta M_{\tilde{\gamma}}}{\delta M_m} = 1$$

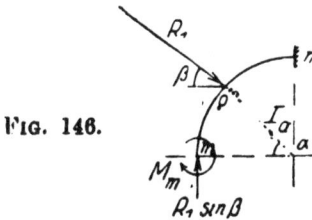

FIG. 146.

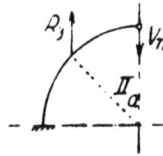

FIG. 148.

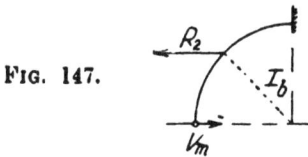

FIG. 147.

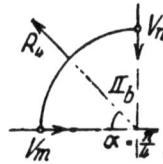

FIG. 149.

$V_m = V_n$, isostatique

$$\int_{\frac{\pi}{4}}^{\frac{\pi}{2}} [R_1 \sin \beta \times r^2 (1 - \cos \varphi) - R_1 \cos \beta \times r^2 (\sin \varphi - \sin \alpha) + M_m r] \, d\varphi$$

$$= R_1 \sin \beta \times r^2 \left(1 - \frac{\sqrt{2}}{2}\right) \frac{\pi}{4} - R_1 \cos \beta \times r^2 \times \frac{\sqrt{2}}{2}$$

$$\left(1 - \frac{\pi}{4}\right) + M_m r \times \frac{\pi}{4} \qquad [2]$$

Résumé :

$$R_1 \sin \beta \times r^2 \left(\frac{\pi}{4} - \frac{\sqrt{2}}{2}\right) + R_1 \sin \beta \times r^2 \left(1 - \frac{\sqrt{2}}{2}\right) \frac{\pi}{4} -$$

$$- R_1 \cos \beta \times r^2 \times \frac{\sqrt{2}}{2} \left(1 - \frac{\pi}{4}\right) + M_m r \times \frac{\pi}{2} = 0.$$

Par conséquent

$$M_m = R_1 r (\cos \beta \times 0{,}1517 - \sin \beta \times 0{,}3083).$$

M_m s'annule lorsque $\beta' = 26^\circ 10'$.

Si β est plus petit que β', M_m tourne à droite. Si β est plus grand que β', M_m tourne à gauche.

Chargement partiel I_b (fig. 147).

L'effort tranchant V_m est inconnu. Sa détermination se fait d'après

$$\int \frac{M_\varphi}{I\,E} \times \frac{\delta\,M_\varphi}{\delta\,V_m}\, ds = 0$$

(De m à 0.)

$$M_\varphi = -\,V_m\, r \sin \varphi \qquad\qquad \frac{\delta\,M_\varphi}{\delta\,V_m} = -\,r \sin \varphi$$

$$\int_0^{\frac{\pi}{4}} V_m\, r^3 \sin^2 \varphi\, d\varphi = V_m\, r^3 \times \frac{1}{4}\left(\frac{\pi}{2} - 1\right) \qquad [1]$$

(De 0 à n.)

$$M_\varphi = R_2\, r \sin \varphi - \sin \alpha) - V_m\, r \sin \varphi$$

$$\frac{\delta\,M_\varphi}{\delta\,V_m} = -\,r \sin \varphi$$

$$\int_{\frac{\pi}{4}}^{\frac{\pi}{2}} [\,-\,R_2\, r^3 (\sin^2 \varphi - \sin \varphi \sin \alpha) + V_m\, r^3 \sin^2 \varphi\,]\, d\varphi$$

$$= -\,R_2\, r^3 \times \frac{1}{4}\left(\frac{\pi}{2} - 1\right) + V_m\, r^3 \times \frac{1}{4}\left(\frac{\pi}{2} + 1\right) \quad [2]$$

Résumé :

$$-\,R_2\, r^3 \times \frac{1}{4}\left(\frac{\pi}{2} - 1\right) + V_m\, r^3 \times \frac{1}{4}\left(\frac{\pi}{2} - 1\right) + V_m\, r^3\, \frac{1}{4}\left(\frac{\pi}{2} + 1\right) = 0$$

D'où

$$V_m = R_2 \times 0,1817.$$

Chargement partiel II_a (fig. 148).

L'effort tranchant V_n est inconnu. L'état de charges est identique à I_b. On a donc comme précédemment

$$V_n = R_3 \times 0,1817.$$

Chargement partiel II$_b$ (fig. 149).

Ce cas est isostatique. Les efforts tranchants V$_m$ et V$_n$ s'élèvent
à

$$V_m = V_n = R_4 \times \frac{\sqrt{2}}{2} = R_4 \times 0,7071.$$

Il ne reste ensuite qu'à établir les moments opérant dans l'anneau
pour chaque chargement et à les additionner ensuite en observant
leurs signes.

Exemple 27. — *Support de la figure 150, composé de deux poutres
en croix continues.*

Les moments d'inertie des poutres sont égaux et constants. L'une
d'elles est d'un côté chargée par P. Le système ne peut pas se déplacer

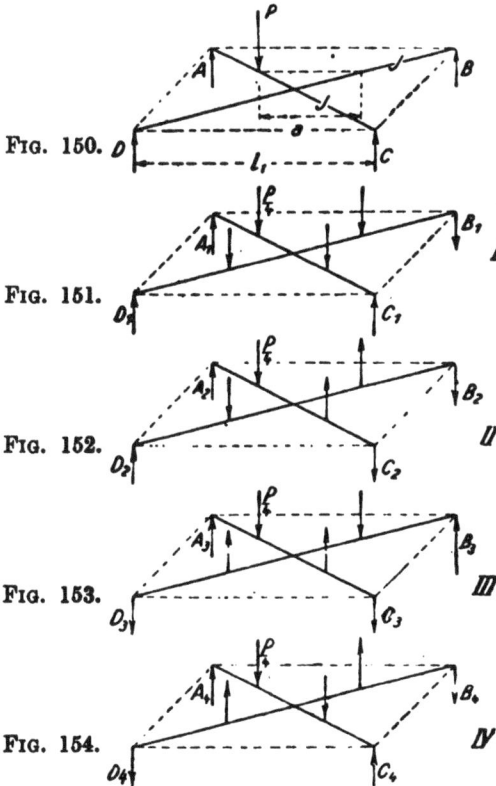

FIG. 150.

FIG. 151.

FIG. 152.

FIG. 153.

FIG. 154.

perpendiculairement, au plan horizontal, il est par conséquent rigide. Les
réactions des appuis sont donc statiquement indéterminables. En rai-

son de la symétrie de la construction, il n'apparaît qu'une seule inconnue statique. Considérons comme indéterminée la réaction d'appui B = D de la poutre non chargée.

Partageons le chargement P en quatre autres I, II, III, IV (fig. 151, 152, 153 et 154). Les trois premiers cas sont isostatiques, tandis que pour le chargement IV la répartition de la charge P dans les quatre appuis dépend des lois de l'élasticité. Cependant cette détermination s'effectue simplement, car les quatre réactions d'appuis sont égales entre elles en raison de la symétrie du chargement et de la construction. Leurs directions seules sont différentes.

En ne considérant qu'un quart du système, c'est-à-dire une seule moitié d'une poutre, on trouve d'après la figure 155

$$A_4 = B_4 = C_4 = D_4 = \frac{P}{4} \times \frac{a^2}{2\,l_1^3}(3\,l_1 - a).$$

Nous connaissons maintenant les réactions d'appuis des figures 151 à 154 et nous pouvons ainsi sans plus écrire les réactions agissant dans le cas de la figure 150 :

$$A = \frac{P}{4} + \frac{P}{4} \times \frac{a}{l_1} + \frac{P}{4} \times \frac{a}{l_1} + \frac{P}{4} \times \frac{a^2}{2\,l_1^3}(3\,l_1 - a)$$

$$= \frac{P}{4}\left(1 + \frac{2\,a}{l_1}\right) + \frac{P}{4} \times \frac{a^2}{2l_1^3}(3\,l_1 - a).$$

$$B = \frac{P}{4} - \frac{P}{4} \times \frac{a}{l_1} + \frac{P}{4} \times \frac{a}{l_1} - \frac{P}{4} \times \frac{a^2}{2\,l_1^3}(3\,l_1 - a)$$

$$= \frac{P}{4} - \frac{P}{4} \times \frac{a^2}{2\,l_1^3}(3\,l_1 - a).$$

$$C = \frac{P}{4} - \frac{P}{4} \times \frac{a}{l_1} - \frac{P}{4} \times \frac{a}{l_1} + \frac{P}{4} \times \frac{a^2}{2\,l_1^3}(3\,l_1 - a)$$

$$= \frac{P}{4}\left(1 - \frac{2\,a}{l_1}\right) + \frac{P}{4} \times \frac{a^2}{2\,l_1^3}(3\,l_1 - a).$$

$$D = \frac{P}{4} + \frac{P}{4} \times \frac{a}{l_1} - \frac{P}{4} \times \frac{a}{l_1} - \frac{P}{4} \times \frac{a^2}{2\,l_1^3}(3\,l_1 - a)$$

$$= \frac{P}{4} - \frac{P}{4} \times \frac{a^2}{2\,l_1^3}(3\,l_1 - a).$$

Si $a = \frac{l_1}{2}$, on a

$$A = \frac{P}{2} + \frac{5\,P}{64} = \frac{37}{64} \times P \qquad\qquad C = \quad + \frac{5\,P}{64} = \frac{5}{64} \times P$$

$$B = \frac{P}{4} - \frac{5\,P}{64} = \frac{11}{64} \times P \qquad\qquad D = \frac{-P}{4} - \frac{5\,P}{64} = \frac{11}{64} \times P.$$

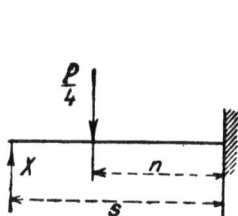

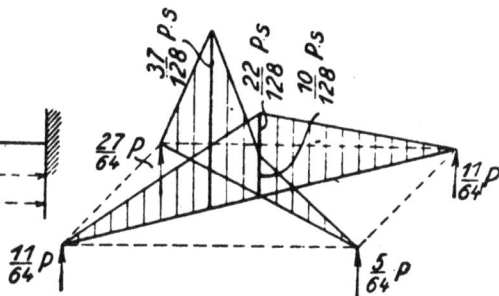

FIG. 155.   FIG. 156.

A l'aide des réactions d'appuis précédentes on établit les moments dans les poutres. Voir figure 156 leur représentation graphique.

Exemple 28. — *Poutraison d'un plancher* (fig. 157).

Les poutres en croix sont continues et par leurs extrémités reposent sur les murs d'appui. Le système est sollicité d'un seul côté par la charge P.

Le problème renferme quatre liaisons hyperstatiques extérieures. Considérons comme inconnues les réactions d'appui X_a, X_b, X_c et X_d. La méthode usuelle demanderait donc de résoudre quatre équations élastiques, d'où travail considérable.

Décomposons donc le chargement en quatre autres I, II, III et IV (fig. 158, 159, 160 et 161). Dans chacun de ceux-ci nous n'avons qu'une inconnue hyperstatique. Désignons-les par X_1, X_2, X_3 et X_4. Chaque inconnue se détermine séparément. On peut, comme toujours, utiliser pour le calcul l'équation de condition

$$\int \frac{M_x}{I\,E} \times \frac{\delta M_x}{\delta X}\, dx = 0.$$

A remarquer l'avantage considérable résultant du fait que les intégrations ne s'étendent dans chaque cas qu'à un seul quart du système.

Le calcul donne les résultats suivants :

Chargement partiel I :

$$X_1 = \frac{P \, \varrho^3}{4 \left(a^3 + b^3 \times \dfrac{I_1}{I_2} \right)}$$

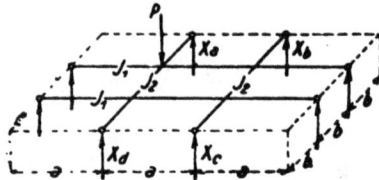

Fig. 157.

Fig. 158.

Fig. 159.

Fig 160.

Fig. 161

Chargement partiel II :

$$X_2 = \frac{P \, a^3}{4 \left(a^3 + 15 \, b^3 \times \dfrac{I_1}{I_2} \right)}$$

Chargement partiel III :

$$X_3 = \frac{P \, a^3}{4 \left(3 \, a^3 + \dfrac{b^3}{5} \times \dfrac{I_1}{I_2} \right)}.$$

Chargement partiel IV :

$$X_4 = \frac{P\,a^3}{4\left(3\,a^3 + 3\,b^3 \times \dfrac{I_1}{I_2}\right)}.$$

Si l'on admet que $a = b$ et $I_1 = I_2$ on obtient

$$X_1 = \frac{P}{8}, \quad X_2 = \frac{P}{64}, \quad X_3 = \frac{5\,P}{64}, \quad X_4 = \frac{P}{24},$$

d'où il résulte les réactions d'appuis suivantes :

$$X_a = \frac{25}{96} \times P, \quad X_b = \frac{14}{96} \times P, \quad X_c = \frac{7}{96} \times P, \quad X_d = \frac{2}{96} \times P.$$

Et ainsi sont aussi données les réactions d'appuis aux quatre autres extrémités des poutres.

Les moments et, si c'est nécessaire, les efforts tranchants agissant dans les poutres, sont ensuite facilement obtenus. Les moments sont clairement représentés figure 162.

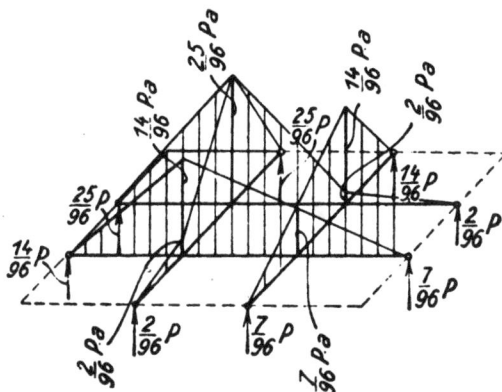

FIG. 162.

Ainsi que nous l'avons remarqué précédemment, la méthode de décomposition des chargements peut aussi être employée si, au lieu d'une charge, plusieurs agissent, et si au lieu d'être concentrée, la charge est uniformément répartie. Le développement du chargement n'est qu'une répétition ou une amplification du problème relatif à une charge concentrée.

Exemple 29. — *Un support, composé de poutres continues en croix*
(fig. 163).

Le système est rectangulaire, il repose par ses quatre coins et il est
symétrique par rapport à ses deux axes principaux. La charge P
agit d'un côté.

FIG. 163.

FIG. 164.

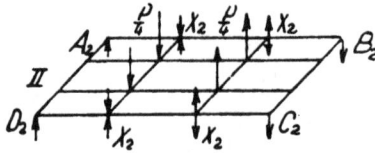

FIG. 165.

FIG. 166.

FIG. 167.

Le problème est de nouveau à quatre liaisons hyperstatiques.
Introduisons comme inconnues les réactions des extrémités des poutres
transversales sur les poutres longitudinales extérieures. Désignons-les
par X_a, X_b, X_c et X_d. Les réactions du support, désignées dans la
figure par A_0, B_0, C_0 et D_0 sont déterminables par la statique.

La marche de calcul usuelle conduit à quatre équations élastiques
à quatre inconnues. Et les difficultés vont en s'accroissant car les

déterminations s'étendent à tout le support, de sorte que, conduit de la sorte, le calcul est à peine possible.

Établissons de nouveau les chargements partiels I, II, III et IV (fig. 164, 165, 166 et 167). En raison de la symétrie de chacun d'eux, les états statiques sont toujours très simples. A cela s'ajoute l'avantage que les déterminations ne s'étendent dans chaque cas qu'à un seul quart du support. Les quatre réactions cherchées des extrémités des poutres transversales sur les poutres longitudinales, sont dans chaque chargement partiel, égales entre elles. Dans le cas du chargement I, nous avons les quatre grandeurs égales X_1 ; dans le cas du chargement II, les quatre grandeurs égales X_2, et ainsi de suite. Par suite de la décomposition des chargements, les quatre inconnues sont devenues indépendantes entre elles, de sorte que pour chacune d'elles on peut poser une équation élastique à une seule inconnue.

Si l'on admet que les poutres sont en âme pleine, le calcul peut de nouveau être basé sur les équations de condition connues :

Chargement partiel I :

$$\int \frac{M_x}{I E} \times \frac{\delta M_x}{\delta X_1} \, dx = 0.$$

Chargement partiel II :

$$\int \frac{M_x}{I E} \times \frac{\delta M_x}{\delta X_2} \, dx = 0.$$

Chargement partiel III :

$$\int \frac{M_x}{I E} \times \frac{\delta M_x}{\delta X_3} \, dx = 0.$$

Chargement partiel IV :

$$\int \frac{M_x}{I E} \times \frac{\delta M_x}{\delta X_4} \, dx = 0.$$

Les réactions d'appui du support s'obtiennent à l'aide des chargements partiels :

$$A_0 = \frac{P}{4} + \frac{P}{4} \times \frac{a}{l_1} + \frac{P}{4} \times \frac{c}{l_2} + \frac{P}{4} \times \frac{a}{l_1} \times \frac{c}{l_2}$$

$$= \frac{P}{4} \left(1 + \frac{a}{l_1} \right) \left(1 + \frac{c}{l_2} \right).$$

$$B_0 = \frac{P}{4} - \frac{P}{4} \times \frac{a}{l_1} + \frac{P}{4} \times \frac{c}{l_2} - \frac{P}{4} \times \frac{a}{l_1} \times \frac{c}{l_2}$$

$$= \frac{P}{4}\left(1 - \frac{a}{l_1}\right)\left(1 + \frac{c}{l_2}\right).$$

$$C_0 = \frac{P}{4} - \frac{P}{4} \times \frac{a}{l_1} - \frac{P}{4} \times \frac{c}{l_2} + \frac{P}{4} \times \frac{a}{l_1} \times \frac{c}{l_2}$$

$$= \frac{P}{4}\left(1 - \frac{a}{l_1}\right)\left(1 - \frac{c}{l_2}\right).$$

$$D_0 = \frac{P}{4} + \frac{P}{4} \times \frac{a}{l_1} - \frac{P}{4} \times \frac{c}{l_2} - \frac{P}{4} \times \frac{a}{l_1} \times \frac{c}{l_2}$$

$$= \frac{P}{4}\left(1 + \frac{a}{l_1}\right)\left(1 - \frac{c}{l_2}\right).$$

Les figures 168 à 172 indiquent clairement les forces agissant sur chaque poutre dans le cas de II.

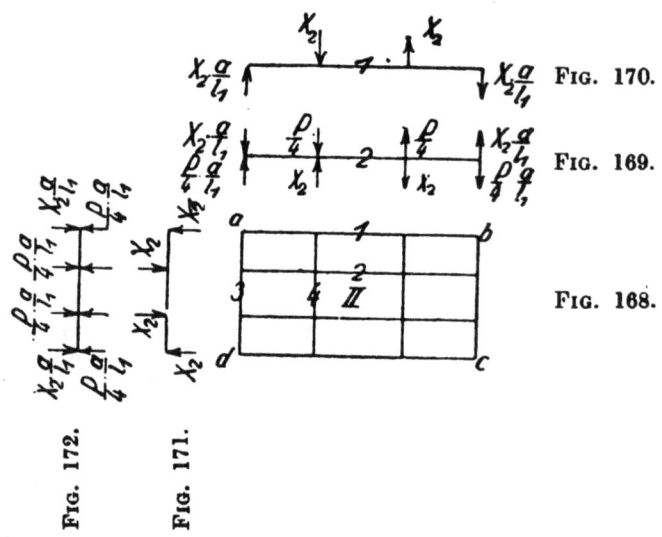

FIG. 170.

FIG. 169.

FIG. 168.

FIG. 172.

FIG. 171.

D'après les équations de condition précédentes, on obtient :

Chargement partiel I :

$$X_1 = \frac{P}{4} \times \frac{b^2(3\,a + 2\,b) + d^2(3\,c + 2\,d)\dfrac{I_2}{I_3}}{b^2(3\,a + 2\,b)\left(\dfrac{I_2}{I_1} + 1\right) + d^2(3\,c + 2\,d)\left(\dfrac{I_2}{I_3} + \dfrac{I_2}{I_4}\right)}.$$

Chargement partiel II :

$$X_2 = \frac{P}{4} \times \frac{b^2(a+2b) + d^2(3c+2d)\frac{I_2}{I_3}}{b^2(a+2b)\left(\frac{I_2}{I_1}+1\right) + d^2(3c+2d)\left(\frac{I_2}{I_3}+\frac{l_1^2}{a^2}\times\frac{I_2}{I_4}\right)}.$$

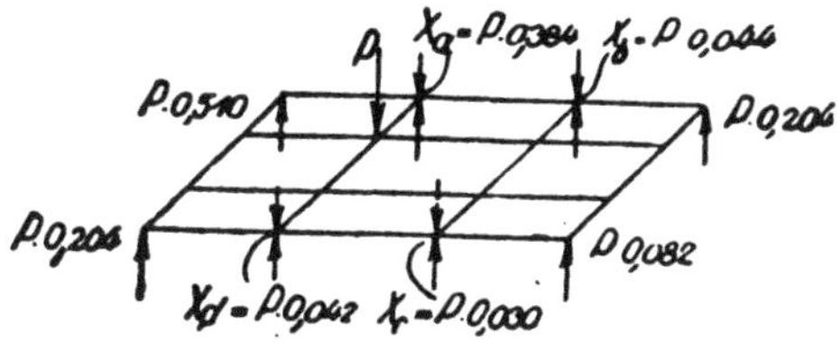

FIG. 172 a.

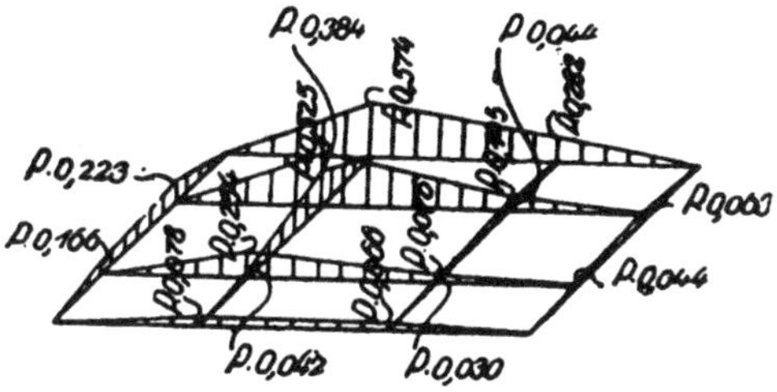

FIG. 172 b.

Tous les moments sont positifs.

Chargement partiel III :

$$X_3 = \frac{P}{4} \times \frac{\frac{b^2 l_2}{c}(3a+2b) + \frac{c d^2}{l_2}(c+2d)\times\frac{I_2}{I_3}}{b^2(3a+2b)\left(\frac{I_2}{I_1}+\frac{l_2^2}{c^2}\right) + d^2(c+2d)\left(\frac{I_2}{I_3}+\frac{I_2}{I_4}\right)}.$$

Chargement partiel IV :

$$X_4 = \frac{P}{4} \times \frac{\frac{b^2 l_2}{c}(a+2b) + \frac{c d^2}{l_2}(c+2d)\frac{I_2}{I_3}}{b^2(a+2b)\left(\frac{I_2}{I_1}+\frac{l_2^2}{c^2}\right) + d^2(c+2d)\left(\frac{I_2}{I_3}+\frac{l_1^2}{a^2}\times\frac{I_2}{I_4}\right)}.$$

Soit un exemple numérique ayant les données suivantes :

$a = 3$ m., $b = 2$ m., $c \doteq 1{,}5$ m., $d = 1$ m., $I_1 = I_2 = I_3 = I_4$.

Il résulte des formules précédentes :

$$A_0 = \frac{P}{4}\left(1+\frac{3}{7}\right)\left(1+\frac{1{,}5}{3{,}5}\right) = P \times 0{,}510$$

$$B_0 = \frac{P}{4}\left(1 - \frac{3}{7}\right)\left(1 + \frac{1,5}{3,5}\right) = P \times 0{,}204$$

$$C_0 = \frac{P}{4}\left(1 - \frac{3}{7}\right)\left(1 - \frac{1,5}{3,5}\right) = P \times 0{,}082$$

$$D_0 = \frac{P}{4}\left(1 + \frac{3}{7}\right)\left(1 - \frac{1,5}{3,5}\right) = P \times 0{,}204.$$

En outre les équations relatives aux grandeurs hyperstatiques donnent :

$$X_1 = \frac{P}{4} \times \frac{4\,(3 \times 3 + 2 \times 2) + 1\,(3 \times 1,5 + 2 \times 1)}{4\,(3 \times 3 + 2 \times 2)\,2 + 1\,(3 \times 1,5 + 2 \times 1)\,2}$$
$$= P \times 0{,}125$$

$$X_2 = \frac{P}{4} \times \frac{4\,(3 + 2 \times 2) + 1\,(3 \times 1,5 + 2 \times 1)}{4\,(3 + 2 \times 2)\,2 + 1\,(3 \times 1,5 + 2 \times 1)\left(1 + \dfrac{49}{9}\right)}$$
$$= P \times 0{,}088$$

$$X_3 = \frac{P}{4} \times \frac{\dfrac{4 \times 3,5}{1,5}\,(3 \times 3 + 2 \times 2) + \dfrac{1,5 \times 1}{3,5}\,(1,5 + 2 \times 1)}{4\,(3 \times 3 + 2 \times 2)\left(1 + \dfrac{12,25}{2,25}\right) + 1\,(1,5 + 2 \times 1)\,2}$$
$$= P \times 0{,}089$$

$$X_4 = \frac{P}{4} \times \frac{\dfrac{4 \times 3,5}{1,5}\,(3 + 2 \times 2) + \dfrac{1,5 \times 1}{3,5}\,(1,5 + 2 \times 1)}{4\,(3 + 2 \times 2)\left(1 + \dfrac{12,25}{2,25}\right) + 1\,(1,5 + 2 \times 1)\left(1 + \dfrac{49}{9}\right)}$$
$$= P \times 0{,}082.$$

Les réactions réelles X_a, X_b, X_c et X_d résultent de l'addition suivant les signes des grandeurs partielles. On a

$$X_a = P\,(0{,}125 + 0{,}088 + 0{,}089 + 0{,}082) = P \times 0{,}384,$$
$$X_b = P\,(0{,}125 - 0{,}088 + 0{,}089 - 0{,}082) = P \times 0{,}044,$$
$$X_c = P\,(0{,}125 - 0{,}088 - 0{,}089 + 0{,}082) = P \times 0{,}030,$$
$$X_d = P\,(0{,}125 + 0{,}088 - 0{,}089 - 0{,}082) = P \times 0{,}042.$$

Les valeurs sont reportées figure 172 a.

Les moments et efforts tranchants sollicitant le support sont ensuite facilement obtenus. Il suffit de déterminer ces valeurs pour chaque chargement et d'additionner les résultats en tenant compte des signes. Les moments résultants sont représentés figure 172 *b*.

Exemple 30. — *Un anneau reposant horizontalement sur quatre appuis et supportant d'un côté la charge* P (fig. 173 *a*).

Cet exemple est tout un problème. Il ne s'agit plus ici de flexion simple ; la sollicitation de ce support est désignée au mieux par l'expression « voilement ». Ce cas est pratiquement d'une grande importance et sa résolution par une méthode compréhensible et facilement applicable paraît être nécessaire. Mais comme un calcul rigoureusement exact peut à peine être établi, on devra se contenter d'une résolution approchée.

FIG. 173 *a*.

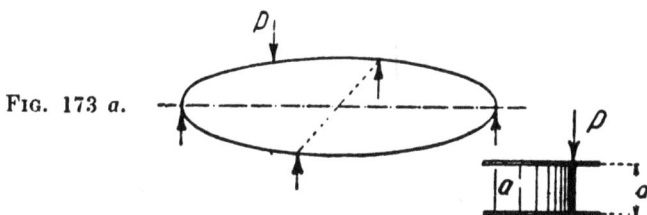

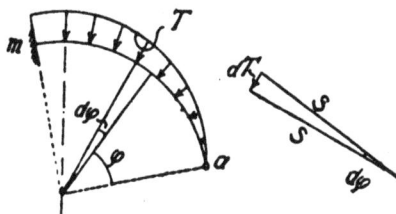

FIG. 173 *b*.   FIG. 173 *c*.

La section de l'anneau est représentée figure 173 *a*. Elle se compose donc d'une âme verticale et de deux ailes horizontales. Si l'on admet que des forces radiales *t* sollicitent chaque point de l'arc dans les deux ailes horizontales, il en résulte que la paroi verticale est statiquement semblable à une poutre habituelle, et on peut la supposer s'étendant dans le plan.

Considérons un élément de l'arc encastré en *m* (fig. 173 *b*) et sollicité en *a* perpendiculairement au plan de la figure par une force P.

Le moment en un point quelconque (si s désigne la longueur d'arc séparant ce point de a) est

$$M_\varphi = P\,s = P\,r\,\varphi.$$

Si a est la hauteur de la poutre (fig. 173 a), les tensions dans les membrures au point considéré s'élèvent à

$$S = \frac{M_\varphi}{a} = \frac{P\,r}{a} \times \varphi.$$

Elles conditionnent donc les forces radiales t mentionnées plus haut, agissant en chaque section de l'arc.

Si l'on considère, figure 173 c, un élément infiniment petit de l'arc $ds = r\,d\varphi$, on obtient pour la force radiale

$$dT = S\,d\varphi$$

ou

$$dT = \frac{M_\varphi}{a}\,d\varphi$$

et

$$T = \frac{1}{a} \int M_\varphi\,d\varphi$$

L'anneau est donc un support rigide si les forces désignées précédemment par t peuvent être appliquées. Et c'est réellement le cas par suite de la résistance horizontale des éléments supérieurs et inférieurs de la section de l'anneau. Les forces sont en haut et en bas constamment opposées.

Sur ces bases on peut établir le calcul de l'anneau. A proprement parler, nous n'aurions plus qu'à résoudre, de la même manière que précédemment, un problème sur les anneaux. Mais nous devons encore une fois constater que la résolution du problème d'après la méthode usuelle entraîne avec elle tant de difficultés que cette marche de calcul ne saurait être suivie. Par contre, cet exemple se présente très simplement si l'on emploie la méthode de décomposition du chargement. La solution est exposée succinctement dans ce qui suit.

Décomposons P en quatre chargements I, II, III et IV (fig. 174, 175, 176 et 177).

Chargement partiel I (fig. 174). — Les quatre réactions d'appuis extérieures s'élèvent chacune à $\dfrac{P}{4}$. Les forces radiales t décrivent la même courbe que celle des moments sollicitant la paroi verticale et ceux-ci sont d'ailleurs les mêmes que ceux d'une poutre encastrée à ses extrémités et chargée en son milieu par $\dfrac{P}{4}$. La longueur de la poutre est dans ce cas le quart de la circonférence de l'anneau ; et, ainsi, dans le système total, cette poutre encastrée à ses deux extrémités est quatre fois reproduite.

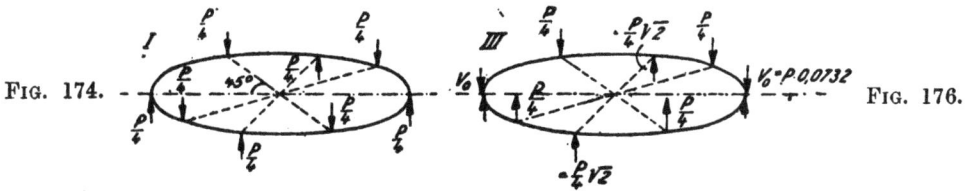

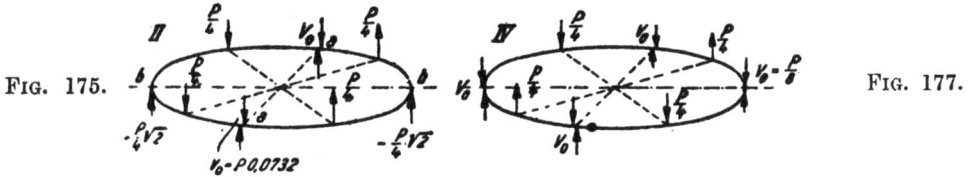

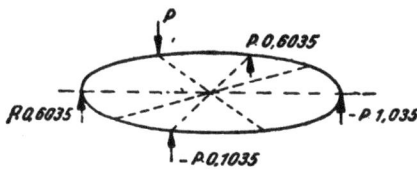

FIG. 174.

FIG. 175.

FIG. 176.

FIG. 177.

FIG. 178.

Les moments agissant dans la paroi verticale sont dès lors connus. Et, comme dit, les forces radiales t attaquant les parois horizontales de l'anneau leurs sont correspondantes. D'après ce que nous avons vu précédemment, on a

$$dT = \frac{M_\varphi}{a}\, d\varphi$$

et

$$T = \frac{1}{a} \int M_\varphi\, d\varphi.$$

La figure 179 représente les forces opérantes t. Le calcul de l'anneau pour cette sollicitation se présente très simplement. Le cas est isostatique, et ce en raison de la complète symétrie du chargement. Aux points 0 sont situés les points d'inflexion de la ligne élastique ; aussi peut-on les supposer comme étant des articulations. Considérons l'élément d'arc 0 — a — 0 et soit R la résultante due aux forces

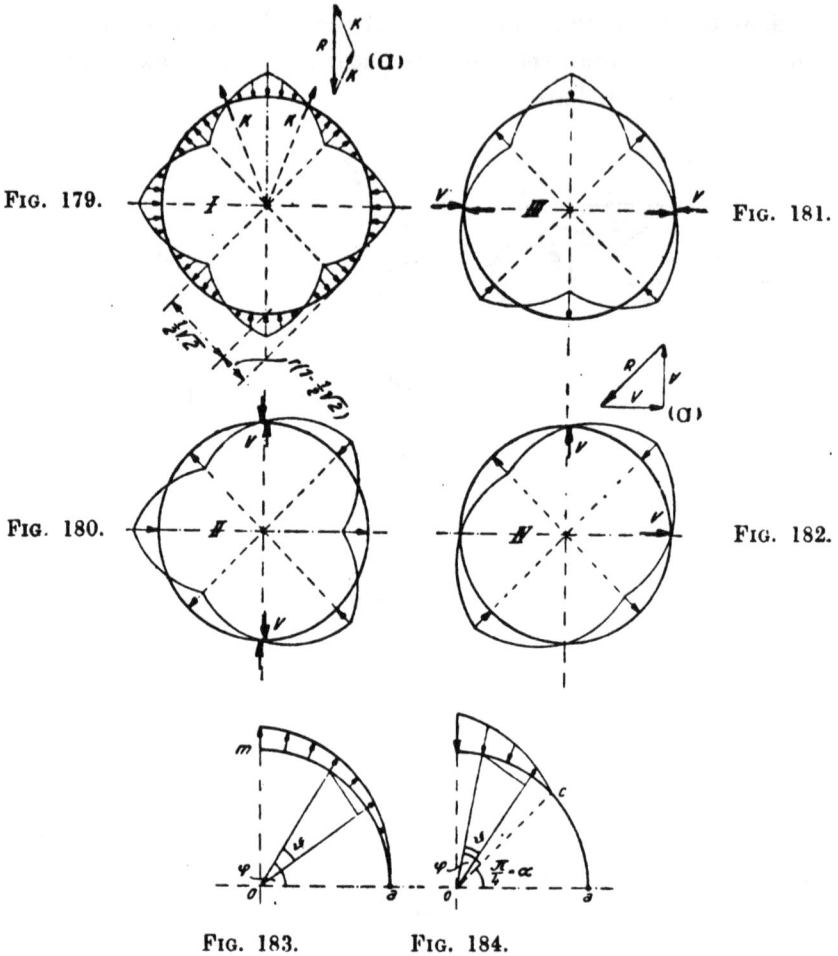

FIG. 179.

FIG. 181.

FIG. 180.

FIG. 182.

FIG. 183.   FIG. 184.

radiales t. Dans les articulations agissent donc les réactions K, elles doivent également être radiales et elles sont obtenues par le polygone des forces figure 179 a. Par conséquent, les moments et, si nécessaire, les forces normales et transversales, sont déterminables sans plus.

Chargement partiel II (fig. 175).

La symétrie des déformations demande qu'aux points a il n'y ait aucune réaction d'appui. Ces dernières n'agissent donc qu'en *b*. Elles sont égales, de directions opposées et s'élèvent à

$$\pm \, 2 \, \times \frac{P}{4} \times \frac{r \times \sqrt{2}}{2\,r} = \pm \frac{P}{4} \times \sqrt{2}.$$

Dans les sections *a* s'exercent les efforts tranchants V_0, et ils résultent simplement de la condition que la somme des forces verticales sollicitant une moitié de l'anneau doit être égale à zéro :

$$2 \times \frac{P}{4} - \frac{P}{4} \times \sqrt{2} - 2\,V_0 = 0.$$

Par conséquent

$$V_0 = \frac{P}{4} \times 0{,}2929 = P \times 0{,}0732.$$

Dès lors, les moments dans la paroi verticale de l'anneau et, conséquemment, les forces radiales *t* dans les plans horizontaux sont connus. Voir figure 180 la représentation schématique des forces.

L'anneau est dans ce cas à une seule inconnue hyperstatique, à savoir l'effort tranchant V.

Chargement partiel III (fig. 176).

Le cas est le même que celui du chargement II, mais est uniquement tourné de 90°.

Ci-dessous, déterminons la grandeur V.

En raison de la symétrie du chargement, les déterminations ne s'étendent qu'à un seul quart de l'anneau. Attendu que les forces *t*, opérant comme l'indique la figure 181, ne peuvent être, dans le cours du calcul, facilement manipulées, on les considérera une fois comme étant dues à l'effort tranchant $V_0 = P \times 0{,}0732$, et l'autre fois comme l'étant à $\frac{P}{4}$ agissant en *c*. Les décompositions sont indiquées figures 183 et 184. A ce sujet, il faut encore remarquer que la somme des composantes verticales dues aux forces *t* doit, dans chaque état de charges, être égal à zéro. Il est évident que dans la section *a* de l'anneau il n'y a aucune force normale.

L'effort tranchant statiquement indéterminé V s'obtient à l'aide de la condition que la somme des déplacements élastiques du point *a* dans la direction de V doit être égale à zéro.

1. *Action des forces t dues à l'effort tranchant* $V_0 = P \times 0{,}0732$ (fig. 183).

On obtient le déplacement du point a en direction de V (c'est-à-dire horizontalement) si on multiplie les moments dus aux forces t par leurs bras de levier mesurés perpendiculairement au déplacement.

Nous avons vu que la somme T des forces radiales t s'exerçant sur un élément d'arc est

$$ T = \frac{1}{a} \int M_\varphi \, d\varphi. $$

D'où pour un élément de force infiniment petit

$$ dT = \frac{1}{a} \times M_\varphi \, d\varphi. $$

Le moment d'un tel élément de force par rapport à un point de l'anneau donné par l'angle φ est

$$ dM_\varphi = \frac{1}{a} \times M_\varphi \, d\varphi \times r \sin \delta $$

$$ = \frac{P \times 0{,}2929}{4\,a} \times r^2 \, (\varphi - \delta) \sin \delta \, d\,\delta, $$

ou

$$ M_\varphi = \frac{P \times 0{,}2929 \, r^2}{4\,a} \int_0^\varphi (\varphi - \delta) \sin \delta \, d\,\delta $$

$$ = \frac{P \times 0{,}2929 \, r^2}{4\,a} \, (\varphi - \sin \varphi). $$

La surface infiniment petite du moment est

$$ dF = \frac{P \times 0{,}2929 \, r^3}{4\,a} \, (\varphi - \sin \varphi) \, d\varphi. $$

Le bras de levier de la surface rapporté à la base $0 - a$ a pour valeur $r \sin \varphi$. Par conséquent, le déplacement du point a dû à $d\,F$ s'élève à

$$ d\,F \times r \sin \varphi $$

Et le déplacement total à

$$ \delta_a{}' = \int_0^{\frac{\pi}{2}} d\,F \times r \sin \varphi = \frac{P \times 0{,}2929 \, r^4}{4\,a} \int_0^{\frac{\pi}{2}} (\varphi - \sin \varphi) \sin \varphi \, d\varphi. $$

En intégrant, on a

$$\delta_a' = \frac{P \times 0,2929\ r^4}{4\ a}\left(1 - \frac{\pi}{4}\right) = \frac{P \times 0,2929\ r^4}{4\ a} \times 0,2146.$$

2. *Action des forces t dues à la charge* $\frac{P}{4}$ *agissant au point c* (fig. 184).

On a de nouveau

$$T = \frac{1}{a}\int M_\varphi\ d\varphi$$

et

$$d\,T = \frac{1}{a} \times M_\varphi\ d\varphi.$$

Le moment d'un tel élément de force par rapport à un point de l'anneau donné par l'angle φ est comme précédemment

$$d\,M_\varphi = \frac{1}{a} \times M_\varphi\ d\varphi \times r \sin \delta$$

$$= \frac{P\ r^2}{4\ a}\ (\varphi - \delta)\ \sin \delta\ d\ \delta.$$

ou

$$M_\varphi = \frac{P\ r^2}{4\ a}\int_0^\varphi (\varphi - \delta)\ \sin \delta\ d\ \delta$$

$$= \frac{P\ r^2}{4\ a}\ (\varphi - \sin \varphi).$$

La surface infiniment petite du moment est

$$d\,F = \frac{P\ r^3}{4\ a}\ (\varphi - \sin \varphi)\ d\ \varphi.$$

Le bras de levier de la surface rapporté à la base $0 - a$ est $r \sin (\alpha + \varphi)$. Par conséquent, le déplacement du point dû à l'action de $d\,F$ est

$$dF \times r \sin (\alpha + \varphi).$$

D'où un déplacement total de

$$\delta_a'' = \frac{P\ r^4}{4\ a}\int_0^{\frac{\pi}{4}} (\varphi - \sin \varphi)\ \sin (\alpha + \varphi)\ d\varphi.$$

En intégrant, on a

$$\delta_a'' = \frac{P\ r^4}{4\ a} \times 0,0152.$$

3. *Action de la grandeur statiquement indéterminée* V.

D'une manière analogue à précédemment, on obtient

$$\delta_a''' = V\,r^3 \times \frac{\pi}{4} = V\,r^3 \times 0{,}7854.$$

On doit avoir

$$\delta_a' - \delta_a'' - \delta_a''' = 0.$$

Ou

$$P \times \frac{0{,}2929\,r^4}{4\,a} \times 0{,}2146 - P \times \frac{r^4}{4\,a} \times 0{,}0152 - V\,r^3 \times 0{,}7854 = 0.$$

D'où la grandeur cherchée

$$V = \frac{P\,r}{4\,a} \times 0{,}0477.$$

A l'aide de cette valeur on détermine facilement les moments dans l'anneau.

Chargement partiel IV (fig. 177).

Dans ce cas, aucune réaction d'appui extérieure n'entre en considération. En raison de la symétrie du chargement, les efforts tranchants $V_0 = \dfrac{P}{8}$ s'exercent dans les quatre points a et b. Par conséquent, on peut admettre que les moments agissant dans l'âme de l'anneau sont donnés, et, dès lors, la détermination des forces t se fait sans difficultés. Le chargement des ailes horizontales par les forces radiales t est représenté figure 182. En raison de la symétrie du chargement, le problème est déterminable par la statique. On a l'effort tranchant V, lequel se détermine rapidement à l'aide de la résultante des charges t, comme l'indique le polygone des forces de la figure 182 a. La résultante se détermine par la relation

$$d\mathrm{T} = \frac{1}{a} \times M_\varphi\,d\varphi.$$

La composante correspondante est alors

$$d\wp = \frac{1}{a} \times M_\varphi\,d\varphi \times \sin\varphi,$$

d'où

$$\Sigma\wp = \mathrm{R} = \frac{1}{a} \int M_\varphi \sin\varphi\,d\varphi.$$

Toutes les déterminations ne s'étendent qu'à un quart de l'anneau.

Après avoir ainsi calculé chaque chargement partiel, on peut rassembler les résultats, puisque, réunis, les chargements partiels donnent de nouveau le chargement initial.

Indiquons encore, figure 178, les réactions d'appui de l'anneau obtenues en additionnant celles trouvées dans chaque chargement partiel.

La méthode de calcul d'un anneau voilé que nous venons d'exposer se rapproche sensiblement de la réalité. On admet tout d'abord que la section de l'ensemble est sollicitée, que l'anneau supporte, en direction verticale, les forces extérieures et par conséquent les moments en résultant comme s'il était développé dans le plan ; on admet ensuite que les deux ailes horizontales reçoivent des forces supplémentaires t, forces s'opposant au voilement de la section portante verticale, engendré par la courbure réelle de cette section.

Exemple 31. — *Un plateau rigide rectangulaire* (fig. 185), *supporté en ses quatre coins et chargé de côté par* P.

Il est supposé que les appuis ne peuvent s'abaisser. Par suite de cette circonstance, le problème ne peut être déterminé par la statique puisque les réactions d'appuis sont dépendantes des rapports élastiques du support.

La résolution de ce très problématique exemple — recherche des réactions d'appui — est à peine possible. Et l'état intérieur du plateau qui se présente à nous est à exclure complètement du problème. L'on ne réussira pas davantage à faire de cet exemple le problème type de la méthode de décomposition des chargements. Mais tandis que les procédés usuels n'offrent qu'avec difficulté un éclaircissement sur l'état statique, notre méthode nous fait entrevoir ce cas avec clarté et surtout nous fait en saisir le pourquoi et le comment.

Décomposons de nouveau le chargement P en quatre autres I, II, III, IV (fig. 186, 187, 188 et 189).

Chargement partiel I.

Les réactions d'appuis sont déterminables par la statique.

$$A_1 = \frac{P}{4}, \quad B_1 = \frac{P}{4}, \quad C_1 = \frac{P}{4}, \quad D_1 = \frac{P}{4}.$$

Chargement partiel II.

Les réactions d'appuis sont statiquement déterminables.

$$A_2 = \frac{P}{4} \times \frac{m}{a}, \; B_2 = -\frac{P}{4} \times \frac{m}{a}, \; C_2 = -\frac{P}{4} \times \frac{m}{a}, \; D_2 = \frac{P}{4} \times \frac{m}{a}.$$

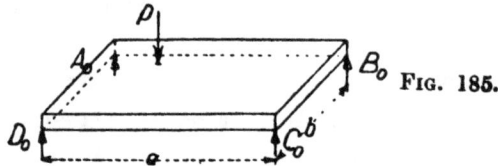

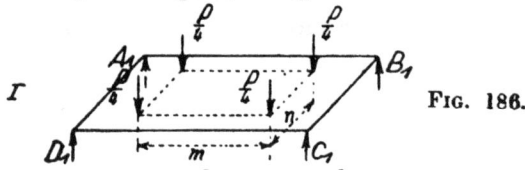

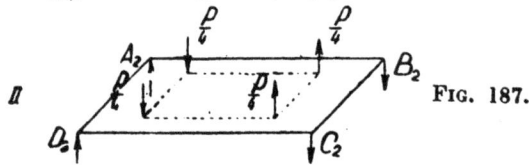

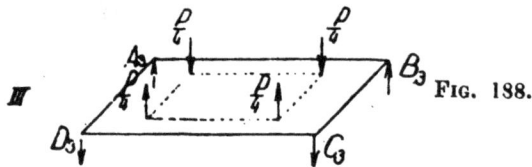

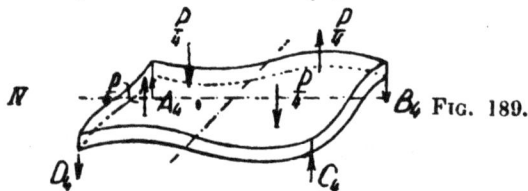

Fig. 185.

Fig. 186.

Fig. 187.

Fig. 188.

Fig. 189.

Chargement partiel III.

Les réactions d'appuis sont statiquement déterminables.

$$A_3 = \frac{P}{4} \times \frac{n}{b}, \; B_3 = \frac{P}{4} \times \frac{n}{b}, \; C_3 = -\frac{P}{4} \times \frac{n}{b}, \; D_3 = -\frac{P}{4} \times \frac{n}{b}.$$

Chargement partiel IV.

C'est le chargement critique. Il laisse apparaitre le caractère de l'indéterminabilité statique des réactions d'appuis. Ces grandeurs sont, comme nous l'avons déjà dit, dépendantes des rapports élastiques du plateau. Bien que de la symétrie du chargement il résulte une loi relativement simple des déformations, il serait cependant difficile de les exprimer en une formule utilisable. Aussi nous laisserons inconnues ces réactions d'appuis. Ecrivons maintenant les réactions dues au chargement initial en additionnant les résultats obtenus dans chaque chargement partiel :

$$A_0 = \frac{P}{4} + \frac{P}{4} \times \frac{m}{a} + \frac{P}{4} \times \frac{n}{b} + A_4 = \frac{P}{4}\left[1 + \frac{m}{a} + \frac{n}{b}\right] + A_4$$

$$B_0 = \frac{P}{4} - \frac{P}{4} \times \frac{m}{a} + \frac{P}{4} \times \frac{n}{b} - B_4 = \frac{P}{4}\left[1 - \frac{m}{a} + \frac{n}{b}\right] - B_4$$

$$C_0 = \frac{P}{4} - \frac{P}{4} \times \frac{m}{a} - \frac{P}{4} \times \frac{n}{b} + C_4 = \frac{P}{4}\left[1 - \frac{m}{a} - \frac{n}{b}\right] + C_4$$

$$D_0 = \frac{P}{4} + \frac{P}{4} \times \frac{m}{a} - \frac{P}{4} \times \frac{n}{b} - D_4 = \frac{P}{4}\left[1 + \frac{m}{a} - \frac{n}{b}\right] - D_4.$$

Ici sont indéterminées les grandeurs

$$A_4 = C_4 \text{ et } B_4 = D_4.$$

Si la charge P est placée sur une diagonale du rectangle, on a encore plus simplement

$$A_4 = C_4 = B_4 = D_4.$$

Et l'on a aussi

$$\frac{m}{a} = \frac{n}{b}.$$

Si l'on admet maintenant que les coins du plateau ne reposent pas sur des appuis fixes, mais sur des ressorts très élastiques, il en résulte que les chargements partiels I, II et III ne sont pas influencés par ce nouvel état, c'est-à-dire que les réactions d'appuis sont les mêmes qu'auparavant. Mais il n'en est pas de même avec le chargement partiel IV. Ici les réactions d'appuis indéterminées sont considérablement influencées par un nouveau facteur d'élasticité : la flexibilité des ressorts. Or, comme nous l'avons exposé préliminairement, les ressorts doivent être très élastiques et d'autre part, puisque le plateau possède une grande rigidité, on constate que l'influence des ressorts est si grande qu'il n'y a pas la moindre réaction d'appui ou que celles-ci sont infiniment faibles. Par conséquent, les grandeurs A_4, B_4, C_4

et D_4 peuvent être considérées comme nulles et l'on a simplement

$$A_0 = \frac{P}{4}\left[1 + \frac{m}{a} + \frac{n}{b}\right]$$

$$B_0 = \frac{P}{4}\left[1 - \frac{m}{a} + \frac{n}{b}\right]$$

$$C_0 = \frac{P}{4}\left[1 - \frac{m}{a} - \frac{n}{b}\right]$$

$$D_0 = \frac{P}{4}\left[1 + \frac{m}{a} - \frac{n}{b}\right].$$

Exemple 32. — *Ponton de grue flottante* (fig. 190).

Le système principal se compose de quatre poutres longitudinales et de deux traverses de fermeture. Quant au reste, l'assemblage de la poutraison est réalisé par des couples transversaux. En raison des couvertures du plancher et du pont, le support, perpendiculairement au plan horizontal, s'oppose à la flexion. Il serait de plus déformable si l'on négligeait la très faible résistance au voilement de la poutre. Si l'on considère, d'une part, qu'en rapport à la poutre principale la hauteur des couples est très faible et que, d'autre part, ces éléments peuvent être difficilement exécutés comme des poutres continues, il en résulte qu'ils ne peuvent guère manifester plus qu'une opération de poutre habituelle. Nous admettons donc, pour de bonnes raisons, que les couples renvoyent aux poutres longitudinales (comme le feraient des poutres normales) les forces dues à la poussée de l'eau qu'ils supportent. Et ainsi l'action statique du support se présente clairement : le problème est isostatique. (Si la construction permet d'admettre que les couples opèrent comme une poutre continue sur quatre appuis, on pourra, avec approximation, tenir compte facilement de cette circonstance dans le calcul. La pression de ces éléments contre les poutres longitudinales correspond alors précisément aux réactions d'une poutre sur quatre appuis.)

Considérons d'une façon générale le ponton chargé de côté par P. Si maintenant la résolution du problème peut se faire sans plus, il n'en est cependant pas moins vrai que la méthode de calcul usuelle entraîne avec elle bien des difficultés, notamment du fait qu'il est difficile d'exprimer et d'insérer dans le calcul la poussée de l'eau lorsque le ponton s'incline lors d'une immersion latérale. Cependant le problème se présente avec une simplicité rare si l'on utilise de nouveau notre méthode de décomposition du chargement. Remarquons encore, en

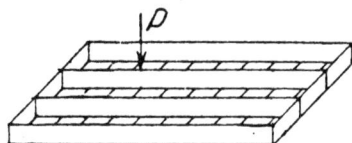

FIG. 190.

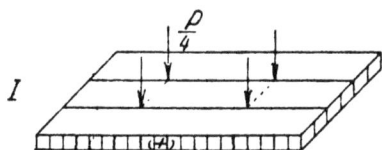

FIG. 191.

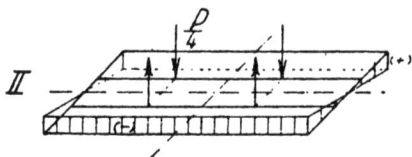

FIG. 192.

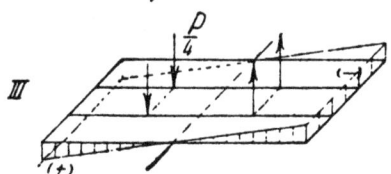

FIG. 193.

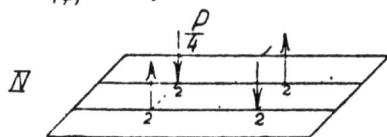

FIG. 194.

passant, qu'à la place d'une charge isolée un groupe de charges atta‑ quant aussi de côté peut se présenter ; mais la simplicité de la méthode de calcul n'en est pas influencée.

Décomposons donc le chargement P en quatre autres I, II, III et IV (fig. 191, 192, 193 et 194). Les chargements partiels rassemblés donnent de nouveau le chargement premier P. Les forces dues à la poussée de l'eau n'apparaissent que dans les trois premiers états de chargement. Dans le quatrième, et en raison de la rigidité à la flexion du support dans le plan horizontal il n'y a aucune valeur impor‑ tante de la pression de l'eau à considérer (cf. le précédent exemple. — Plateau reposant sur des ressorts.) L'avantage de la décompo‑

sition du chargement réside donc en ce que les forces dues à la poussée de l'eau peuvent être maintenant facilement saisies dans le calcul.
Nous étudierons donc chaque chargement en particulier et nous ras-
semblerons ensuite les résultats.

Nous admettrons dans le calcul les valeurs numériques suivantes :

$$m = 14 \text{ m.}, \quad a = 6 \text{ m.}, \quad c = 3 \text{ m.},$$
$$n = 7 \text{ m.}, \quad b = 4 \text{ m.}, \quad d = 2 \text{ m.}$$

Chargement partiel I (fig. 191).

La pression de l'eau uniformément répartie s'élève par unité de
surface à

$$p = + \frac{P}{m\,n}.$$

FIG. 196.

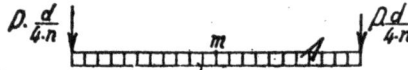

FIG. 197.

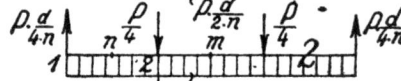

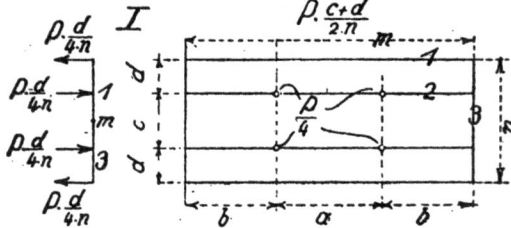

FIG. 198.   FIG. 195.

Les couples transmettent aux poutres principales la pression de
l'eau d'après les lois habituelles relatives aux poutres. Les figures 195
à 198 représentent les poutres isolées avec leurs chargements.

Les moments dans les poutres principales s'établissent facilement :

Poutre longitudinale extérieure I (fig. 196) :

$$M_m = P \times \frac{d}{2\,n} \times \frac{m}{8} = P \times \frac{2}{2 \times 7} \times \frac{14}{8} = -\,P \times 0,25000 \text{ tm.}$$

La courbe des moments est celle d'une parabole habituelle.

Poutre longitudinale intérieure 2 (fig. 197) :

$$M_n = P \times \frac{d}{4\,n} \times \frac{b}{2} + P \times \frac{c+d}{2\,m\,n} \times \frac{b^2}{8}$$

$$= P \times \frac{2}{4 \times 7} \times \frac{4}{2} + P \times \frac{5}{2 \times 14 \times 7} \times \frac{4^2}{8} = P \times 0{,}14286 +$$

$$+ P \times 0{,}05102 = + P \times 0{,}19388 \text{ tm.}$$

$$M_2 = P \times \frac{d}{4\,n} \times b + P \times \frac{c+d}{2\,m\,n} \times \frac{b^2}{2}$$

$$= P \times \frac{2}{4 \times 7} \times 4 + P \times \frac{5}{2 \times 14 \times 7} \times \frac{4^2}{2} = P \times 0{,}28572 +$$

$$+ P \times 0{,}20408 = + P \times 0{,}48980 \text{ tm.}$$

$$M_m = P \times \frac{d}{4\,n}\left(\frac{a}{2}+b\right) + P \times \frac{c+d}{2\,m\,n} \times \frac{\left(\frac{a}{2}+b\right)^2}{2} - \frac{P}{4} \times \frac{a}{2}$$

$$= P \times \frac{2}{4 \times 7} \times 7 + P \times \frac{5}{2 \times 14 \times 7} \times \frac{7^2}{2} - P \times \frac{6}{8}$$

$$= P \times 0{,}50000 + P \times 0{,}6250 - P \times 0{,}75000 = + P \times 0{,}37500 \text{ tm.}$$

Poutre transversale extérieure 3 (fig. 198) :

$$M_1 = P \times \frac{d}{4\,n} \times d = P \times \frac{2}{4 \times 7} \times 2 = + P \times 0{,}14286.$$

$$M_m = \qquad\qquad\qquad\qquad = + P \times 0{,}14286.$$

Avant tout, les moments seront à reporter clairement dans une figure.

Chargement partiel II (fig. 192) :

La pression de l'eau sur l'arête extérieure du ponton est par unité de surface

$$p = \frac{M}{W} = \frac{P}{2} \times c \times \frac{b}{m\,n^2} = \pm \frac{3\,P\,c}{m\,n^2}.$$

Le schéma des pressions est indiqué figure 199. Par les couples et suivant les lois relatives aux poutres habituelles les forces sont renvoyées aux poutres longitudinales.

Les figures 199 à 202 représentent les poutres isolées avec leurs chargements.

Poutre extérieure longitudinale 1 (fig. 200) :

$$M_m = P \times \frac{c\,d}{2\,n^3}(c + 2\,n)\frac{m}{8} = P \times \frac{3 \times 2}{2 \times 7^3} \times 17 \times \frac{14}{8}$$

$$= \pm\, P \times 0{,}26021 \text{ tm.}$$

La courbe des moments est celle d'une parabole habituelle.

Poutre intérieure longitudinale 2 (fig. 201) :

$$M_n = P \times \frac{c\,d}{4\,n^3}(c + 2\,n)\frac{n}{c} \times \frac{b}{2} + P \times \frac{c}{2\,m\,n^2}(c + d)\frac{b^2}{8}$$

$$= P \times \frac{3 \times 2}{4 \times 7^3} \times 17 \times \frac{7}{3} \times \frac{4}{2} + P \times \frac{3}{2 \times 14 \times 7^2} \times 5 \times \frac{4^2}{8}$$

$$= P \times 0{,}34694 + P \times 0{,}02187 = \pm\, P \times 0{,}36881 \text{ tm.}$$

FIG. 200.

FIG. 201.

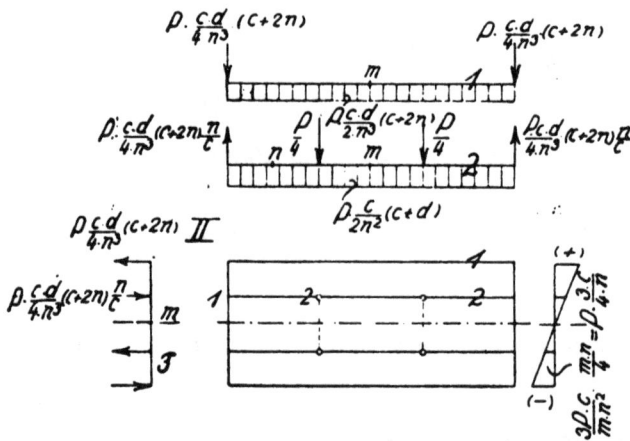

FIG. 202.   FIG. 199.

$$M_2 = P \times \frac{c\,d}{4\,n^3}(c + 2\,n)\frac{n}{c} \times b + P \times \frac{c}{2\,m\,n^2}(c + d)\frac{b^2}{2}$$

$$= P \times \frac{3 \times 2}{4 \times 7^3} \times 17 \times \frac{7}{3} \times 4 + P \times \frac{3}{2 \times 14 \times 7^2} \times 5 \times \frac{4^2}{2}$$

$$= P \times 0{,}69388 + P \times 0{,}08748 = \pm\, P \times 0{,}78136 \text{ tm.}$$

$$M_m = P \times \frac{c\,d}{4\,n^3}\,(c + 2\,n)\,\frac{n}{c}\left(\frac{a}{2} + b\right) + P \times \frac{c}{2\,m\,n^2}\,(c + d)\,\frac{\left(\frac{a}{2} + b\right)^2}{2}$$

$$- \frac{P}{4} \times \frac{a}{2} = P \times \frac{3 \times 2}{4 \times 7^3} \times 17 \times \frac{7}{3} \times 7 +$$

$$P \times \frac{3}{2 \times 14 \times 7^2} \times 5 \times \frac{7^2}{2} - P \times \frac{6}{8}$$

$$= P \times 1,21428 + P \times 0,26786 - P \times 0,75000 = \pm\,P \times 0,73214 \text{ tm.}$$

Poutre transversale extérieure 3 (fig. 202) :

$$M_1 = P \times \frac{c\,d}{4\,n^3}\,(c + 2\,n)\,d = P \times \frac{3 \times 2}{4 \times 7^3} \times 17 \times 2 = \pm\,P \times 0,14782 \text{ tm.}$$

$$M_m = \qquad\qquad\qquad\qquad = 0.$$

Tous les moments devront être de nouveau en premier lieu reportés dans une figure.

Chargement partiel III (fig. 193) :

La pression de l'eau sur l'arête extérieure du ponton est par unité de surface,

$$p = \frac{M}{W} = \frac{P}{2} \times a \times \frac{6}{n\,m^3} = \pm\,\frac{3\,P\,a}{n\,m^3}.$$

Par les couples, et suivant les lois habituelles relatives aux poutres, la pression est reportée aux poutres longitudinales.

Les figures 203 à 206 représentent les poutres isolées avec leurs chargements.

Poutre extérieure longitudinale 1 (fig. 204) :

Le moment à la distance x de l'extrémité est

$$M_x = P \times \frac{a\,d\,x}{4\,m\,n}\left(\frac{3\,x}{m} - \frac{2\,x^2}{m^2} - 1\right).$$

Si $x = 1,75$ m., on a

$$M = P \times \frac{6 \times 2 \times 1,75}{4 \times 14 \times 7}\left(\frac{3 \times 1,75}{14} - \frac{2 \times \overline{1,75}^2}{14^2} - 1\right)$$

$$= \pm\,P \times 0,0351 \text{ tm.}$$

Si $x = 3,5$ m., on a

$$M = P \times \frac{6 \times 2 \times 3,50}{4 \times 14 \times 7} \left(\frac{3 \times 3,50}{14} - \frac{2 \times \overline{3,50}^2}{14^2} - 1 \right)$$

$$= \pm P \times 0,0401 \text{ tm.}$$

Si $x = 5,25$ m., on a

$$M = P \times \frac{6 \times 2 \times 5,25}{4 \times 14 \times 17} \left(\frac{3 \times 5,25}{14} - \frac{2 \times \overline{5,25}^2}{14^2} - 1 \right)$$

$$= \pm P \times 0,0250 \text{ tm.}$$

Si $x = 7,00$ m., on a

$$M = 0$$

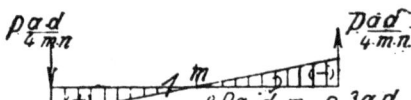

FIG. 204.

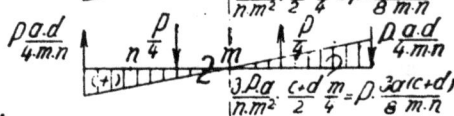

FIG. 205.

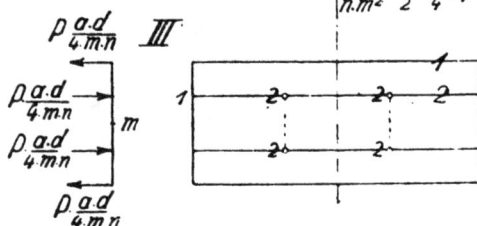

FIG. 206. FIG. 203.

Le moment maximum est situé à la distance $x = 2,96$ et s'élève à

$$M_{max} = P \times \frac{6 \times 2 \times 2,96}{4 \times 14 \times 7} \left(\frac{3 \times 2,96}{14} - \frac{2 \times \overline{2,96}^2}{14^2} - 1 \right)$$

$$= \pm P \times 0,0412 \text{ tm.}$$

Poutre longitudinale intérieure 2 (fig. 205) :

Moment à la distance x de l'extrémité

$$M_r = P \times \frac{a\,x}{4\,m\,n} \left[d + \frac{3\,(c + d)}{m} \times x - \frac{2\,(c + d)}{m^2} \times x^2 \right].$$

Si $x = 2$ m., on a

$$M = P \times \frac{6 \times 2}{4 \times 14 \times 7} \left[2 + \frac{3 \times 5}{14} \times 2 - \frac{2 \times 5}{14^2} \times 4 \right]$$

$$= \pm\ P \times 0{,}1205 \text{ tm.}$$

Si $x = 4$ m., on a

$$M_2 = P \times \frac{6 \times 4}{4 \times 14 \times 7} \left[2 + \frac{3 \times 5}{14} \times 4 - \frac{2 \times 5}{14^2} \times 16 \right]$$

$$= \pm\ P \times 0{,}3348 \text{ tm.}$$

Moment à la distance x de l'extrémité (travée centrale)

$$M_x = P \times \frac{a\,x}{4\,m\,n} \left[d + \frac{3\,(c + d)}{m} \times x - \frac{2\,(c + d)}{m^2} \times x^2 - \frac{m\,n}{a\,x}\,(x - b) \right]$$

$$M_m = 0.$$

Poutre transversale extérieure 3 (fig. 206) :

$$M_1 = P \times \frac{a\,d}{4\,m\,n} \times d = P \times \frac{6 \times 2 \times 2}{4 \times 14 \times 7} = \pm\ P \times 0{,}06122 \text{ tm.}$$

$$M_m = \qquad\qquad\qquad = \pm\ P \times 0{,}06122 \text{ tm.}$$

Dans l'intérêt de la clarté, tous les moments sont à représenter.

Chargement partiel IV (fig. 194).

Ainsi que nous l'avons déjà mentionné, et en raison de la rigidité à la flexion du support perpendiculairement au plan horizontal, il n'y a aucune force due à la poussée de l'eau. Les tensions intérieures dues à la flexion de la construction par les forces $\frac{P}{4}$ sont difficiles à obtenir, et ce en raison des tôles rivées supérieures et inférieures dont l'action exacte peut à peine être conçue. Force donc est de rechercher une solution approchée. Nous partirons de la considération que, pour opérer, les forces prennent le chemin le plus court. Ce chemin est situé entre les points d'attaque 2, si nous insérons entre ceux-ci des traverses (tracé pointillé) de même hauteur que les poutres principales. On peut alors admettre que ces diagonales travaillent à la place des platelages supérieurs et inférieurs (voir fig. 207). Le système et l'état de chargement du support dont le calcul vient d'être facilité sont repré-

sentés clairement figure 208, Le problème statique offre toute clarté.
L'équilibre demande des tensions de traction et de compression dans
les diagonales. Les poutres isolées avec leurs chargements sont représentées figures 209 et 210. Le triangle des forces (fig. 211) montre la
relation existant entre les forces sollicitant la poutre et la tension de la
diagonale.

De cette manière, la résolution du problème se rapproche en quelque
sorte de la réalité Mais, à proprement parler, elle approche moins de
l'exactitude En somme, il est important d'avoir établi que le ponton

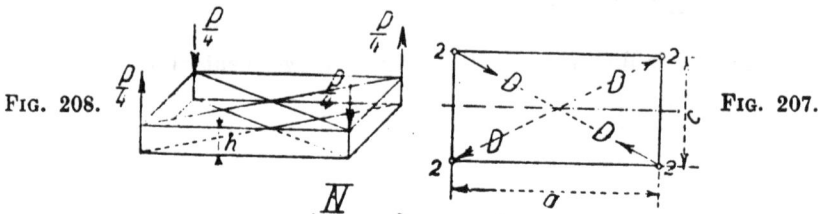

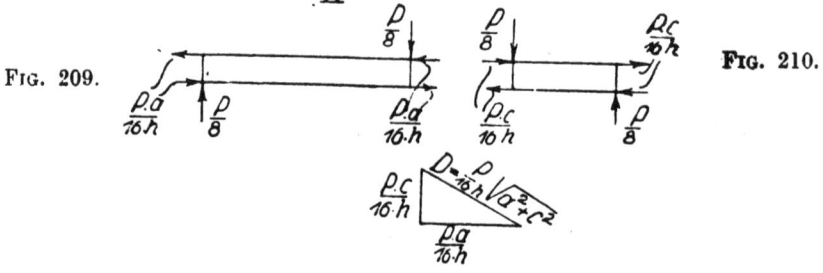

FIG. 208.

FIG. 207.

FIG. 209.

FIG. 210.

FIG. 211.

supporte une importante sollicitation intérieure à la flexion, laquelle
uniquement provoquée par la charge déportée P dépend indirectement
des forces dues à la poussée de l'eau. D'après ce que je sais, l'attention
n'a pas jusqu'ici été attirée dans ce domaine particulier par une autre
méthode de calcul des pontons. D'où il suit que les autres solutions,
muettes sur ce point, ne peuvent être considérées comme irrécusables.

Nous avons les moments suivants :

Partie de poutre longitudinale (fig 209).

A l'extrémité

$$M_2 = \frac{P\,a}{16\,h} \times h = \frac{P\,a}{16} = P \times \frac{6}{16} = \pm\, P \times 0{,}3750 \text{ tm.}$$

Au milieu

$$M_m = 0.$$

La courte poutre transversale (fig 210).

A l'extrémité

$$M_2 = \frac{P\,c}{16\,h} \times h = \frac{P\,c}{16} = P \times \frac{3}{16} = \pm\, P \times 0,1875\,\text{tm}.$$

Au milieu

$$M_m = 0.$$

Pour plus de clarté, ces moments sont encore à représenter graphiquement.

On obtient maintenant les moments opérant en fait dans le système de poutres, en additionnant suivant leurs signes les moments obtenus dans chaque chargement partiel. Les résultats sont représentés clairement figures 212 et 213.

On conçoit facilement qu'en pratique il ne se présente pas de fortes inclinaisons du ponton, lesquelles seraient provoquées par la poussée

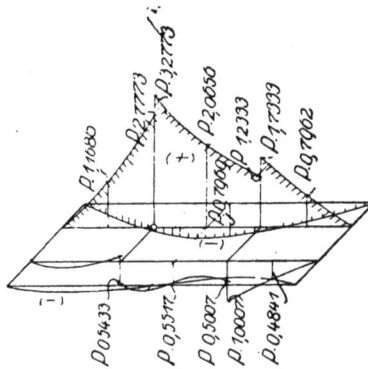

FIG. 212.

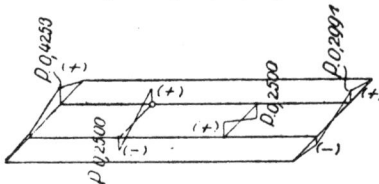

FIG. 213.

négative de l'eau dans le cas du chargement déporté P ; l'inclinaison étant maintenue dans les limites admissibles par le lest d'équilibrage.

Un calcul détaillé de grue flottante à ponton se trouve dans mon ouvrage « *Die Statik der Schwerlastkrane* », éditeur R. Oldenbourg, Munich. Les problèmes qui y sont traités sont le plus souvent d'un degré hyperstatique élevé, ils trouvent cependant, à l'aide de notre méthode de décomposition des chargements, une solution remarquablement simple.

Exemple 33. — *Charpente octogonale en forme de tour* (fig. 214).

Admettons que la tour soit dans le plan supérieur raidie par un anneau ou par toute autre construction transversale. Le contreventement ne joue pas seulement un rôle secondaire dans le cas du chargement de la tour par son poids propre, mais il a une influence très importante sur l'action des forces de vent attaquant la charpente. La direction du vent est indiquée figure 215.

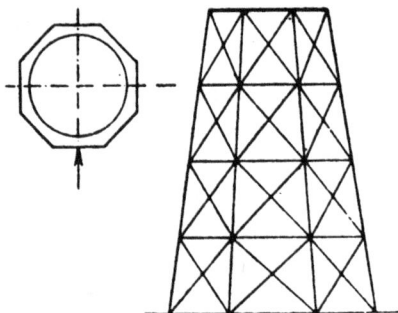

FIG. 215.   FIG. 214.

FIG. 216.

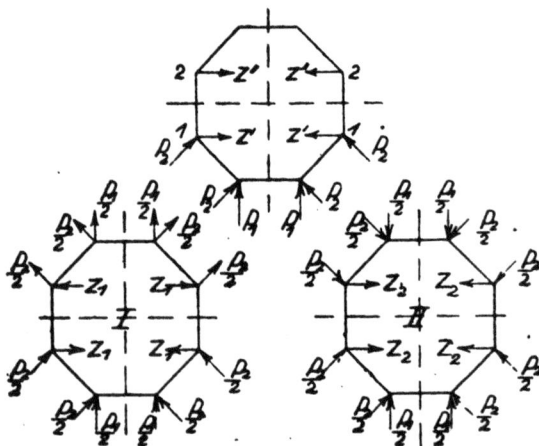

FIG. 217.   FIG. 218.

Si tout d'abord on ne considère pas le contreventement, dont nous venons de parler, on est amené à calculer la charpente d'après la méthode connue ; c'est-à-dire en décomposant les charges agissant dans les nœuds, suivant les deux plans de parois adjacents et en traitant indépendamment chacune de celles-ci comme une poutre en porte-à-faux encastrée à sa base et sollicitée par les composantes correspondantes. Dès lors il s'accomplit un assez grand mouvement élastique du système en treillis ; le polygone octogonal et en particulier le plan supérieur prend une forme ovale, il est donc comprimé.

Par contre, le contreventement introduit dans le plan supérieur de la tour n'éprouve aucune déformation de sa forme polygonale régulière. Ceci amène naturellement une sollicitation du contreventement ; et il est clair que ces forces ont leur effet sur toute la construction de la tour. En conséquence, les tensions causales du treillis sont fortement diminuées et les vacillations ou flexions de la tour deviennent affaiblies,

Le plan supérieur de la tour et les forces de vent qui la sollicitent sont représentés figure 216. Par suite de la contrainte qu'éprouvent les mouvements élastiques en raison du contreventement, il apparaît deux réactions indéterminables statiquement, soit Z' entre les sommets 1 et Z'' entre les sommets 2 du polygone. Chacune livre des composantes dans les côtés adjacents du polygone. Z' et Z'' se déterminent à l'aide des lois de travail ou aussi immédiatement par les déplacements des points 1 et 2. Le calcul est néanmoins fatigant, car l'on doit établir deux équations élastiques à deux inconnues.

On arrive, comme toujours, à une simplification considérable du calcul si l'on applique notre méthode de décomposition des chargements. Décomposons donc le chargement en deux partiels I et II (fig. 217 et 218). Le premier ne renferme qu'une seule inconnue hyperstatique : la force de liaison Z_1 entre les sommets. Il en est de même du chargement II ne renfermant qu'une inconnue Z_2. La décomposition du chargement a donc eu pour résultat de ramener le problème deux fois statiquement indéterminé à deux calculs isolés, chacun n'ayant qu'une inconnue statique. A cela s'ajoute encore l'avantage que les déterminations s'étendent dans chaque cas à un seul quart de la tour. (Dans mon ouvrage *Die Statik des Eisenbaues*, j'ai introduit le calcul de tours analogues — Cheminées de réfrigérants.)

CHAPITRE II

APPLICATION DE LA MÉTHODE AUX LIGNES D'INFLUENCE (CHARGES MOBILES)

Exemple 34. — *Poutre de section invariable encastrée à ses deux extrémités* (fig. 219).

Recherchons la ligne d'influence des moments en un point m quelconque de la poutre. Le problème est à deux indéterminées hyperstatiques. On peut considérer comme grandeurs statiquement indéterminables les moments d'encastrement de droite et de gauche. On sait que la résolution de ce problème d'après les méthodes usuelles est fort longue ; par contre, ainsi que nous allons le montrer, la méthode de décomposition des chargements conduit très rapidement au résultat.

Décomposons le chargement P en deux autres partiels I et II (fig. 220 et 221). Si l'on considère le milieu de la poutre, on remarque que dans le chargement I seul le moment M est en présence, et dans le chargement II l'effort tranchant V. Dès lors, par suite de la décomposition des chargements, les deux grandeurs statiquement indéterminables sont devenues indépendantes l'une de l'autre ; et ainsi le problème est ramené à deux solutions isolées fort simples, dont les résultats seront à additionner.

Chargement partiel I.

Supposons la poutre coupée en son milieu, chargeons les points de coupure par le moment $M = 1$ et dessinons la ligne élastique correspondante (fig. 222 et 224). Les éléments symétriques de la courbe sont des paraboles habituelles. Si δ_{ma} désigne les ordonnées de la ligne élastique, mesurées sous la paire de charges $\dfrac{P}{2}$ se tenant en une position quelconque ; et si $\delta_{aa}{}'$ désigne la rotation de la section coupée ;

le moment cherché a pour valeur, d'après la loi de la réciprocité des déformations

$$M' = \frac{P}{2} \times \frac{\delta_{ma}'}{\delta_{aa}'}.$$

FIG. 219.

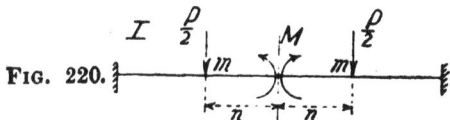

FIG. 220.

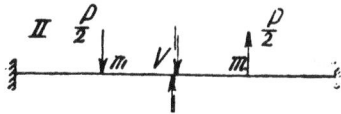

FIG. 221.

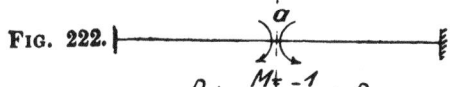

FIG. 222.

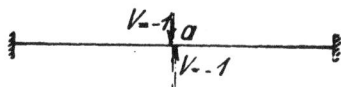

FIG. 223.

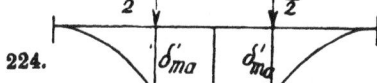

224.

FIG. 226.

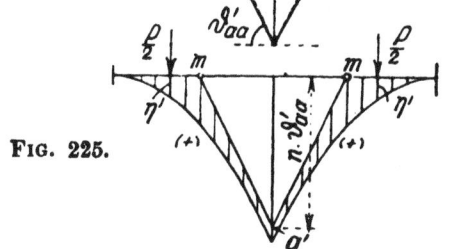

FIG. 225.

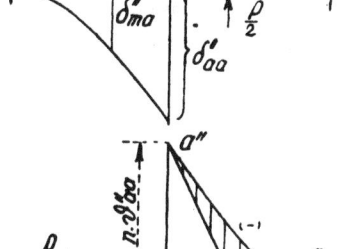

FIG. 227.

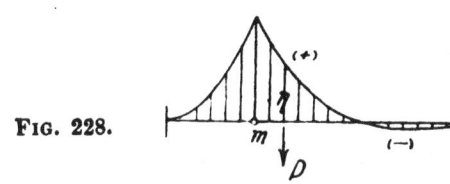

FIG. 228.

Si l'on rapproche les deux charges $\frac{P}{2}$ jusqu'au milieu de la poutre, le moment en m est

$$M_m' = \frac{P}{2} \times n - M'$$

$$= \frac{P}{2} \times n - \frac{P}{2} \times \frac{\delta_{ma}'}{\delta_{aa}'}$$

$$= \frac{P}{2} \times \frac{1}{\delta_{aa}'} [n \, \delta_{aa}' - \delta_{ma}'].$$

Cette expression est facilement représentée par un graphique. Le premier terme de la parenthèse est donné par les deux droites $a' - m$. Le deuxième terme l'est par les ordonnées de la ligne élastique (fig. 224). Nous obtenons donc avec la surface hachurée de la figure 225, la ligne d'influence du moment en m engendré par les charges $\frac{P}{2}$ se déplaçant avec symétrie.

Chargement partiel II.

Supposons de nouveau la poutre coupée en son milieu, chargeons les points de coupure par l'effort tranchant $V = -1$, et dessinons comme précédemment la ligne élastique correspondante (fig. 223 et 226). Les deux courbes sont symétriquement opposées. Si δ_{ma}'' désigne les ordonnées de la ligne élastique, mesurées sous la paire de charges se tenant en une position quelconque, et δ_{aa}'' les ordonnées au milieu de la poutre (c'est-à-dire le déplacement vertical des extrémités coupées), il s'ensuit que l'effort tranchant cherché a pour valeur, d'après la loi de la réciprocité des déformations élastiques

$$V = \frac{P}{2} \times \frac{\delta_{ma}''}{\delta_{aa}''}.$$

En rapprochant de nouveau la paire de charges jusqu'au milieu de la poutre on a en m le moment

$$M_m'' = \frac{P}{2} \times n - V\, n$$

$$= \frac{P}{2} \times n - \frac{P}{2} \times \frac{\delta_{ma}''}{\delta_{aa}''} \times n.$$

Si l'on considère que le résultat du chargement partiel II doit avoir une certaine concordance avec celui du chargement partiel I, car tous deux seront à additionner, le facteur précédant la parenthèse de la dernière expression doit être le même que celui obtenu dans le chargement partiel I. Dès lors, notre dernière relation s'écrira

$$M_m'' = \frac{P}{2} \times \frac{1}{\delta_{aa}'} \left[n\, \delta_{aa}' - \delta_{ma}'' \times \frac{\delta_{aa}'}{\delta_{aa}''} \times n \right]$$

et l'on pourra encore la représenter simplement par un graphique. Le premier terme de la parenthèse est donné par les deux droites $a'' - m$. La deuxième l'est par les ordonnées élastiques de la figure 226 multipliées par $\dfrac{\delta_{aa}{}'}{\delta_{a\eta}{}''} \times n$. Nous obtenons ainsi avec la surface hachurée de la figure 227 la ligne d'influence du moment en m engendré par la paire de charges $\dfrac{P}{2}$ se déplaçant avec symétrie.

Mais étant donné qu'en rassemblant les chargements partiels I et II on obtient de nouveau le chargement original P, il suffira de réunir les deux lignes d'influence trouvées pour obtenir celle que nous recherchons du moment en m pour une charge roulante P. Ce travail se fait facilement à l'aide du compas, d'où la figure 228.

Si η désigne l'ordonnée de la ligne mesurée sous la charge, on a constamment

$$M_m = P \times \frac{1}{2\,\delta_{aa}{}'} \times \eta.$$

Ou dans le cas de plusieurs charges

$$M_m = \frac{1}{2\,\delta_{aa}{}'} \left[P_1\,\eta_1 + P_2\,\eta_2 + P_3\,\eta_3 + \ldots \right]$$

Remarquons encore que les lignes élastiques isolées (fig. 224 et 226) peuvent chacune être dessinées à une échelle quelconque.

Exemple 35. — *Poutre à trois travées et deux béquilles* (fig. 229).

Les pieds des béquilles sont articulés. Les appuis extrêmes de la poutre sont mobiles horizontalement. Au point de vue pratique cette exécution est désirable car elle présente un caractère statique simple et son calcul est facile. Des encastrements parfaits sont à peine réalisables et ils amènent constamment un facteur douteux dans le calcul statique. Néanmoins, dans l'exemple suivant nous traiterons rapidement le système où les béquilles sont encastrées à leur base.

Notre support est, comme toujours, symétrique par rapport à son axe vertical. Soient I_1 le moment d'inertie de la poutre dans ses travées extrêmes, I_2 dans la travée centrale, I_3 le moment d'inertie des béquilles.

Pour un chargement quelconque, le problème est trois fois statiquement indéterminable. Introduisons comme inconnues les pressions verticales et les poussées horizontales s'exerçant à la base des poteaux.

Décomposons le chargement P (fig. 229), en deux autres partiels I et II (fig. 230 et 231). Dans le cas du chargement partiel I on a seulement deux inconnues : la pression verticale X_a' et la poussée horizontale X_b. Dans le cas du chargement partiel II il n'apparaît qu'une seule grandeur indéterminée : la pression verticale X_a''. Le résultat de notre méthode est donc tel que le problème à trois inconnues

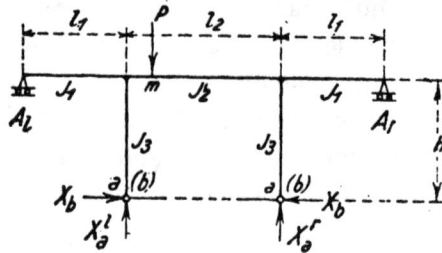

FIG. 229.

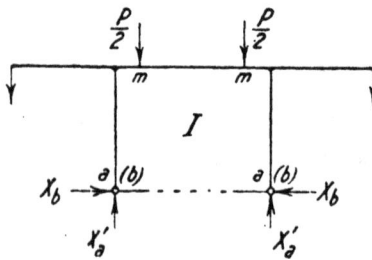

FIG. 230.

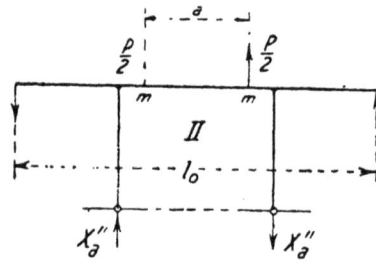

FIG. 231.

statiques peut être résolu par deux calculs isolés, renfermant, l'un deux indéterminées, et l'autre une seule. Comme toujours, on traitera séparément chaque chargement partiel et l'on additionnera ensuite les résultats. Un autre avantage de la méthode consiste en ce que toutes les déterminations ne s'étendent qu'à une moitié du système.

Chargement partiel I.

Détermination des grandeurs X_a' et X_b à l'aide des déplacements élastiques des pieds des poteaux.

1. Chargement du système par la grandeur $X_a' = -1$ (fig. 232). Représentation de la ligne élastique de la poutre et du déplacement horizontal des pieds des poteaux (fig. 233). Le premier des indices affecté aux valeurs δ représente le lieu de la déformation et le deuxième

en indique la cause. La ligne élastique de la poutre et le déplacement du point d'assise du poteau peuvent facilement être déterminés graphiquement. Cependant, il est encore plus simple de calculer d'après les

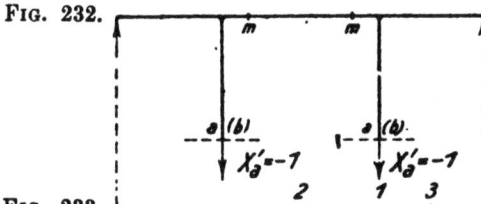

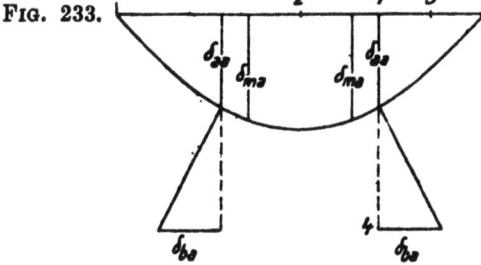

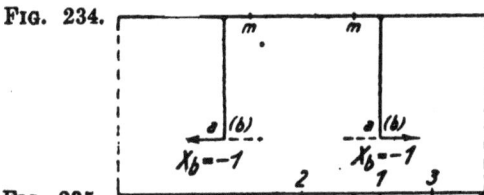

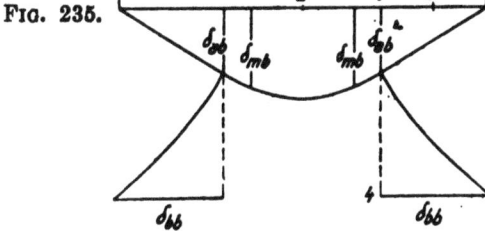

Fig. 232.

Fig. 233.

Fig. 234.

Fig. 235.

formules suivantes les valeurs remarquables correspondant aux points 1, 2 et 3, et d'en tirer par une courbe la ligne élastique recherchée. Le procédé est d'ailleurs suffisamment exact.

$$\delta_{aa}{}^1 = \frac{1 \times l_1{}^3}{3\,I_1} + \frac{1 \times l_1{}^2\,l_2}{2\,I_2},$$

$$\delta_{ma}{}^2 = \frac{1 \times l_1{}^3}{3\,I_1} + \frac{1 \times l_1\,l_2}{2\,I}\left(l_1 + \frac{l_2}{4}\right),$$

$$\delta_{ma}{}^3 = \frac{1 \times 11 \times l_1{}^3}{48 \times I_1} + \frac{1 \times l_1{}^2\,l_2}{4\,I_2}.$$

Et le déplacement des pieds

$$\delta_{ba} = \frac{1 \times h \, l_1 \, l_2}{2 \, I_2}.$$

2. Chargement du support par la grandeur $X_b = -1$ (fig. 234). Représentation de la ligne élastique de la poutre et du déplacement horizontal des pieds des poteaux (fig. 235). Pour dessiner la ligne élastique on peut à nouveau calculer les valeurs particulières suivantes :

$$\delta_{ab}{}^1 = \frac{1 \times h \, l_1 \, l_2}{2 \, I_2},$$

$$\delta_{mb}{}^2 = \frac{1 \times h \, l_2}{2 \, I_2} \left(l_1 + \frac{l_2}{4} \right),$$

$$\delta_{mb}{}^3 = \frac{1 \times h \, l_1 \, l_2}{4 \, I_2} = \frac{\delta_{ab}{}^1}{2}.$$

Et le déplacement horizontal

$$\delta_{bb} = \frac{1 \times h^2 \, l_2}{2 \, I_2} + \frac{1 \times h^3}{3 \, I_3}.$$

Maintenant, à l'aide des déplacements horizontaux et verticaux, et en appliquant la loi de la réciprocité des déformations, on peut établir les relations suivantes :

Point a, verticalement :

$$\frac{P}{2} \times \delta_{ma} - X_a{}' \, \delta_{aa} - X_b \, \delta_{ab} = 0,$$

Point (b), horizontalement :

$$\frac{P}{2} \times \delta_{mb} - X_a{}' \, \delta_{ab} - X_b \cdot \delta_{bb} = 0.$$

D'où

$$X_a{}' = \frac{P}{2} \times \frac{\delta_{ma} \times \dfrac{\delta_{bb}}{\delta_{ab}} - \delta_{mb}}{\delta_{aa} \times \dfrac{\delta_{bb}}{\delta_{ab}} - \delta_{ab}} = \frac{P}{2} \times \frac{\delta_{ma} \, a_1 - \delta_{mb}}{C}$$

et

$$X_b = \frac{P}{2} \times \frac{\delta_{mb} \times \dfrac{\delta_{aa}}{\delta_{ab}} - \delta_{ma}}{\delta_{aa} \times \dfrac{\delta_{bb}}{\delta_{ab}} - \delta_{ab}} = \frac{P}{2} \times \frac{\delta_{mb} \, a_2 - \delta_{ma}}{C}$$

Après introduction des valeurs numériques d'un exemple donné, on peut facilement calculer, d'après les formules précédentes, les ordonnées des lignes d'influence dessinées figures 236 et 237 pour $\frac{P}{2} = 1$. On doit avoir

$$X_a' = \frac{P}{2} \times \eta' \quad \text{et} \quad X_b = \frac{P}{2} \times \eta''.$$

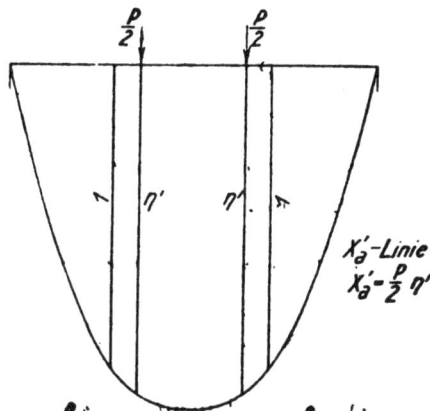

FIG. 236.

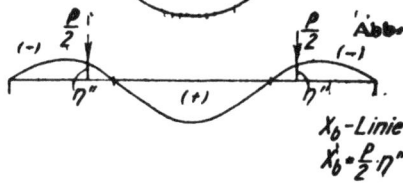

FIG. 237.

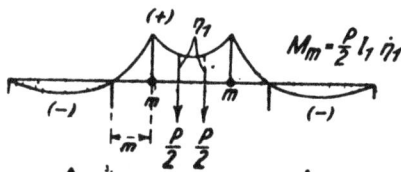

FIG. 238.

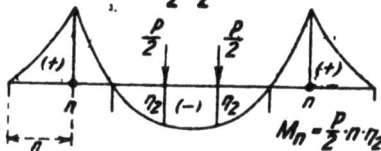

FIG. 239.

X_a' Linie = Ligne X_a'. — X_b Linie = Ligne X_b.

Détermination de la ligne d'influence du moment M_m en un point quelconque m de la travée centrale de la poutre.

Supposons (fig. 238) les charges $\frac{P}{2}$ placées entre les points m. Le moment est alors

$$M_m = \frac{P}{2}\,(l_1 + m) - X_a'\,l_1 - X_b\,h$$

$$= \frac{P}{2} \times l_1 \left[\frac{l_1 + m}{l_1} - \eta' - \eta'' \times \frac{h}{l_1}\right].$$

Cette relation peut facilement être représentée graphiquement. Après exécution du dessin, les ordonnées sont reportées sur une base horizontale (fig. 238).

On doit avoir

$$M_m = \frac{P}{2} \times l_1\,\eta_1.$$

Détermination de la ligne d'influence du moment M_n en un point quelconque n de la travée extrême.

Les charges $\frac{P}{2}$ sont supposées placées entre les points n. On a

$$M_n = \frac{P}{2} \times n - X_a'\,n = \frac{P}{2} \times n\,[1 - \eta'].$$

Cette expression est encore facilement représentée par un graphique. Dans la figure 239, le plan obtenu a été reporté sur une base horizontale. On a de nouveau

$$M_n = \frac{P}{2} \times n\,\eta_2.$$

Chargement partiel II.

Détermination de la grandeur X_a'' à l'aide des déplacements élastiques des pieds des poteaux.

Chargement du système par la grandeur $X_a'' = -1$ (fig. 240). Représentation de la ligne élastique de la poutre (fig. 241). De même que précédemment, quelques valeurs particulières peuvent être calculées par les formules suivantes :

$$\delta_{aa}' = \frac{1 \times l_1^2\,l_2^2}{3\,l_0^2\,I_1}\left(l_1 + \frac{l_2}{2} \times \frac{I_1}{I_2}\right),$$

$$\delta_{ma}^3 = \frac{1 \times l_1^3\,l_2}{24\,l_0^2\,I_1}\,(l_1 + l_2) + \frac{1 \times l_1^3\,l_2}{4\,l_0^2\,I_1}\left(\frac{l_1}{3} + \frac{3\,l_2}{4}\right) + \frac{1 \times l_1^2\,l_2^3}{12\,l_0^2\,I_2}.$$

A l'aide des déplacements verticaux on peut écrire maintenant la relation suivante :

$$\frac{P}{2} \times \delta_{ma} - X_a'' \, \delta_{aa} = 0.$$

D'où

$$X_a'' = \frac{P}{2} \times \frac{\delta_{ma}}{\delta_{aa}}.$$

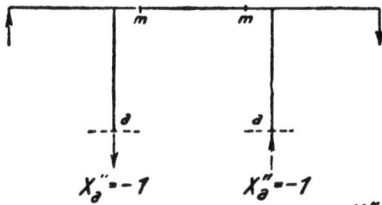

FIG. 240.

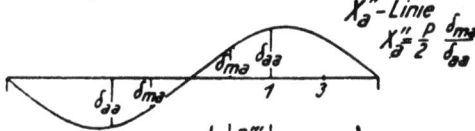

FIG. 241.

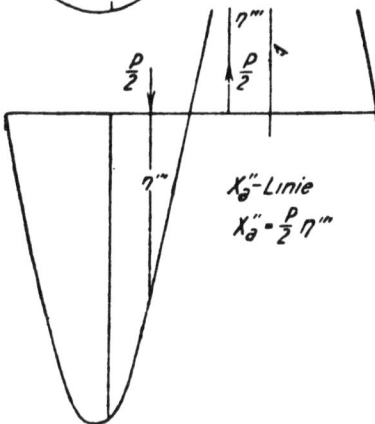

FIG. 242.

X_a' Linie = Ligne X_a'. — X_a'' Linie = Ligne X_a''.

Conformément au but, on dessine de nouveau la ligne élastique de telle sorte que $\delta_{aa} = 1$ (fig. 242). On a alors simplement

$$X_a'' = \frac{P}{2} \times \eta'''.$$

Détermination de la ligne d'influence du moment M_m en un point quelconque m de la travée centrale de la poutre.

En plaçant les charges $\frac{P}{2}$ entre les points m on peut écrire

$$M_m = \frac{P}{2} \times \frac{l_2 - 2\,m}{l_0}\,(l_1 + m) - X_a'' \times \frac{l_1}{l_0}\,(l_2 - 2\,m).$$

En considérant que les résultats des deux chargements partiels I et II doivent dans la suite être rassemblés, il est nécessaire de donner une certaine concordance aux formules des lignes d'influence. On y arrive si l'on donne à la dernière relation le même facteur de parenthèse que précédemment, c'est-à-dire $\dfrac{P}{2} l_1$. On obtient alors

$$M_m \approx \frac{P}{2} \times l_1 \left[\frac{l_2 - 2\,m}{l_1\, l_0} (l_1 + m) - \eta''' \times \frac{l_2 - 2\,m}{l_0} \right].$$

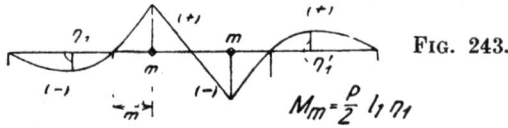

FIG. 243.

$$M_m = \frac{P}{2}\, l_1\, \eta_1$$

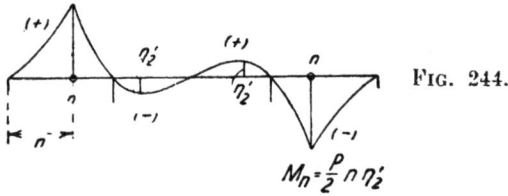

FIG. 244.

$$M_n = \frac{P}{2}\, n\, \eta_2'$$

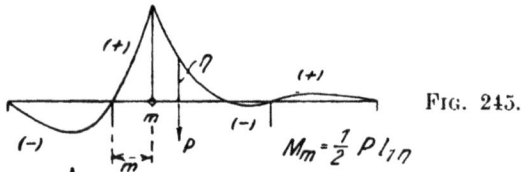

FIG. 245.

$$M_m = \frac{1}{2}\, P\, l_1 \eta$$

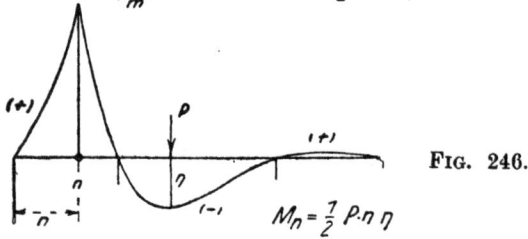

FIG. 246.

$$M_n = \frac{1}{2}\, P \cdot n\, \eta$$

Cette expression peut, comme toujours, être facilement représentée graphiquement. Les ordonnées de la construction sont reportées figure 243 sur une horizontale. On a

$$M_m = \frac{P}{2} \times l_1\, \eta_1'.$$

Détermination de la ligne d'influence du moment M_n en un point n de la travée extrême de la poutre.

Si l'on suppose les charges $\frac{P}{2}$ placées entre les points n, on a le moment

$$M_n = \frac{P}{2} \times \frac{l_0 - 2\,n}{l_0} \times n - X_a'' \times \frac{l_2}{l_0} \times n.$$

En raison de la prochaine réunion des résultats des deux chargements partiels, on doit donner à cette expression le même facteur de parenthèse que celui obtenu dans le chargement partiel I, c'est-à-dire $\frac{P}{2} \times n$. Il s'ensuit

$$M_n = \frac{P}{2} \times n \left[\frac{l_0 - 2\,n}{l_0} - \eta''' \times \frac{l_2}{l_0} \right].$$

Cette expression est représentée par la ligne dessinée figure 244. On doit avoir

$$M_n = \frac{P}{2} \times n\, \eta_2'.$$

Composition des résultats des deux chargements partiels.

Moment M_m au point m :

Les ordonnées des figures 238 et 243 sont à additionner suivant leurs signes. On obtient dès lors la ligne d'influence, représentée figure 245, pour une charge P ($= 1$) mobile sur la poutre.

Le moment cherché est

$$M_m = P \times \frac{1}{2} \times l_1\, \eta.$$

Dans le cas de plusieurs charges

$$M_m = \frac{1}{2} \times l_1\, [P_1\, \eta_1 + P_2\, \eta_2 + \ldots].$$

Pour obtenir les moments maximum positifs ou négatifs, il faudra amener les charges dans les domaines d'influence correspondants.

Moment M_n au point n :

Additionner les ordonnées des figures 239 et 244. Il en résulte (fig. 246) la ligne d'influence pour une charge P ($= 1$) mobile sur la poutre.

Le moment cherché est

$$M_n = P \times \frac{1}{2} \times n\, \eta.$$

Ou $$M_n = \frac{1}{2} \times n \; [P_1 \, \eta_1 + P_2 \, \eta_2 + \dots].$$

Finalement recherchons encore les lignes d'influence des réactions d'appuis X_n et A (fig. 229) dans le cas d'une charge mobile P $(= 1)$.

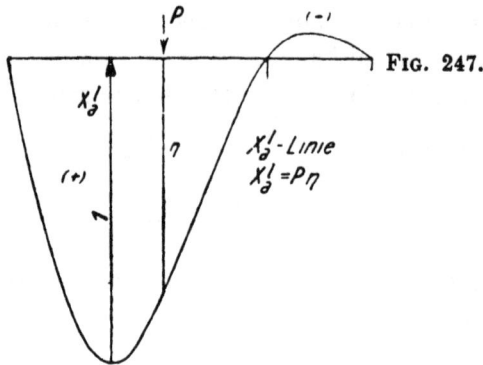

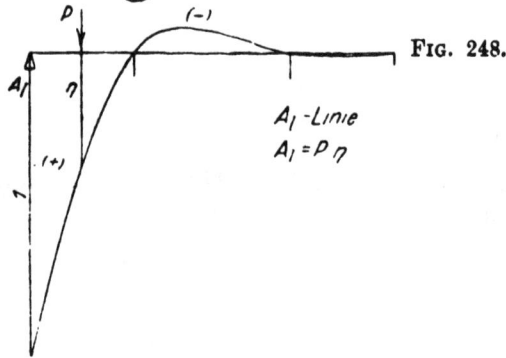

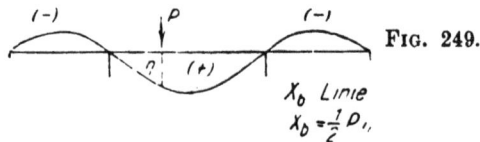

FIG. 247.

X_a^l-Linie
$X_a^l = P\eta$

FIG. 248.

A_l-Linie
$A_l = P\,\eta$

FIG. 249.

X_b Linie
$X_b = \frac{1}{2} P_l$

X_a' Linie $=$ Ligne X_a'. — A_1 Linie $=$ Ligne A_1. — X_b Linie $=$ Ligne X_b.

Ligne d'influence de X_a^l :

Additionner les ordonnées des figures 236 et 242. Reporter les valeurs figure 247, et obtenir ainsi l'ordonnée 1 sous l'appui.

On a
$$X_a^l = P \, \eta,$$
ou
$$X_a^l = P_1 \, \eta_1 + P_2 \, \eta_2 + \dots .$$

Ligne d'influence de A_l :

Le chargement partiel I donne

$$A_l = \frac{P}{2} - X_a' = \frac{P}{2} \times [1 - \eta'].$$

Cette expression est à représenter graphiquement.

Le chargement partiel II donne

$$A_l = \frac{P}{2} \times \frac{a}{l_0} - X_a'' \times \frac{l_2}{l_0} = \frac{P}{2} \left[\frac{a}{l_0} - \eta''' \times \frac{l_2}{l_0} \right].$$

Additionner les ordonnées des deux figures. La ligne étant dessinée à nouveau, on trouve la solution cherchée par l'ordonnée 1 sous l'appui (fig. 248).

On a

$$A_l = P \, \eta_1$$

respectivement

$$A_l = P_1 \, \eta_1 + P_2 \, \eta_2 + \ldots$$

La figure 249 donne à nouveau la ligne d'influence de la poussée horizontale X_b au pied du poteau (voir fig. 237). Cette poussée s'élève à

$$X_b = P \times \frac{1}{2} \times \eta,$$

ou

$$X_b = \frac{1}{2} [P_1 \, \eta_1 + P_2 \, \eta_2 + \ldots].$$

Si l'un des deux appuis extrêmes de la poutre (ou les deux) est fixé horizontalement, le problème devient quatre fois indéterminé. Il en résulte une nouvelle poussée horizontale aux pieds des poteaux apparaissant dans le chargement II. Ce chargement est donc encore deux fois indéterminé et les inconnues sont X_a'' (vertical) et X_b' (horizontal). La résolution s'opère de même façon que dans le chargement partiel I.

L'effet d'un changement de température sur le système que nous étudions peut être établi sans plus à l'aide des déplacements des pieds de poteaux, trouvés figures 233 et 235. Il suffit d'insérer dans les deux relations (équations élastiques indiquées plus haut) appartenant au chargement partiel I et à la place des déplacements provoqués par les charges $\frac{P}{2}$, les déplacements des pieds de poteaux engendrés par le changement de température. On obtient

$$\delta_{am} - X_a{'} \delta_{aa} - X_b \delta_{ub} = 0$$
$$\delta_{bm} - X_a{'} \delta_{ab} - X_b \delta_{bb} = 0.$$

D'où

$$X_a{'} = \frac{\delta_{am} a_1 - \delta_{bm}}{C}$$

$$X_b = \frac{\delta_{bm} a_2 - \delta_{am}}{C}.$$

Les déplacements provoqués par le changement de température s'élèvent à :

verticalement

$$\delta_{am} = \alpha\, t\, h,$$

horizontalement

$$\delta_{bm} = \alpha\, t\, \frac{l_2}{2}.$$

Les grandeurs $X_a{'}$ et X_b étant calculées, on établit facilement les moments agissant dans le système.

Exemple 36. — *Poutre à trois travées et deux béquilles* (fig. 250).

Les béquilles sont encastrées à leur base. Les extrémités de la traverse sont de nouveau mobiles horizontalement. Le problème est maintenant cinq fois statiquement indéterminé.

Nous avons de nouveau les chargements partiels I et II (fig. 251 et 252). Chargement partiel I : 3 fois statiquement indéterminé. Chargement partiel II : 2 fois.

Chargement partiel I.

Aux deux inconnues $X_a{'}$ et X_b s'ajoute encore le moment M d'encastrement des pieds. Le calcul se simplifie considérablement, car, en raison de la symétrie du chargement, le moment est

$$M = X_b \times \frac{h}{3}.$$

A proprement parler, le problème n'est plus que deux fois statiquement indéterminé. On utilisera simplement encore une nouvelle ligne élastique de la poutre, devant être dessinée pour

$$M = - 1 \times \frac{h}{3}.$$

On en tirera les déplacements et elle sera considérée pour établir les deux équations élastiques.

Chargement partiel II.

On introduira, comme grandeurs inconnues, l'effort tranchant au milieu de la traverse et la pression d'appui à l'extrémité de cette poutre. Quant au reste, la détermination des lignes d'influence sera complète-

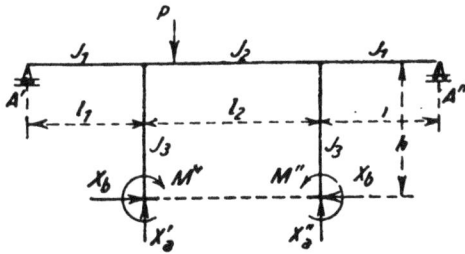

FIG. 250.

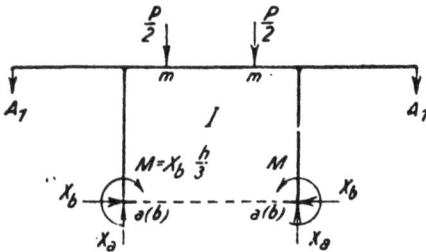

FIG. 251.

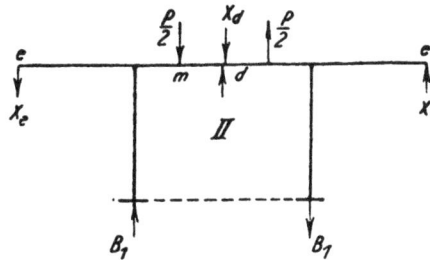

FIG. 252.

ment analogue à précédemment. Les résultats des deux chargements partiels seront ensuite rassemblés. — Exposons rapidement ci-dessous la marche du calcul.

Chargement partiel I (fig. 251).

1. De même que dans l'exemple précédent, charger le système par $X_a = -1$ (fig. 253). Dessiner la ligne élastique de la poutre et les déplacements des pieds de poteaux (fig. 254).

2. Charger, comme précédemment, le système par $X_b = -1$ (fig. 255). Dessiner la ligne élastique de la traverse et les déplacements des pieds des poteaux (fig. 256).

3. Charger à nouveau le système par $M = -1 \times \dfrac{h}{3}$ (fig. 257). Dessiner la ligne élastique de la traverse et le déplacement des pieds des poteaux (fig. 258).

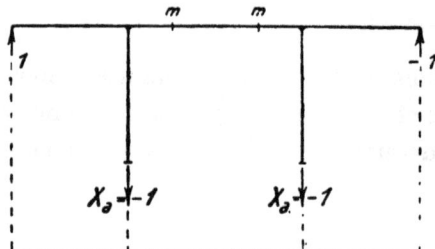

Fig. 253.

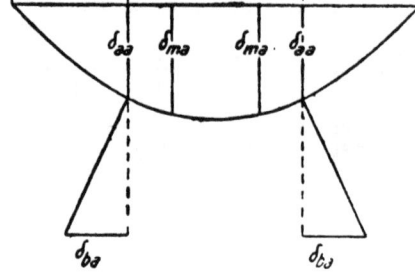

Fig. 254.

Fig. 255.

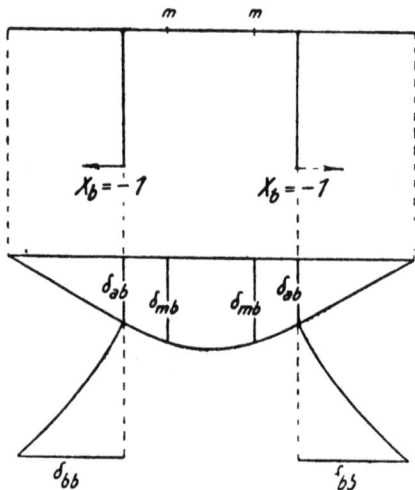

Fig. 256.

Pour cela, on peut utiliser les valeurs particulières suivantes :

$$\delta_{ac}{}^1 = \frac{1 \times h\, l_1\, l_3}{6\, I_2},$$

$$\delta_{mc}{}^2 = \frac{1 \times h\, l_2}{6 \times I_2}\left(l_1 + \frac{l_2}{4}\right),$$

$$\delta_{mc}{}^3 = \frac{\delta_{ac}{}^1}{2},$$

$$\delta_{bc} = \frac{1 \times h^2\, l_2}{6\, I_2} + \frac{1 \times h^3}{6\, I_3}.$$

A l'aide des déplacements :

Point a verticalement

$$\frac{P}{2} \times \delta_{ma} - X_a \times \delta_{aa} - X_b \times \delta_{ab} + X_b \times \delta_{ac} = 0.$$

Point (c) horizontalement

$$\frac{P}{2} \times \delta_{mb} - X_a \delta_{ab} - X_b \delta_{bb} + X_b \delta_{bc} = 0$$

ou

$$\frac{P}{2} \times \delta_{ma} - X_a \delta_{aa} - X_b (\delta_{ab} - \delta_{ac}) = 0$$

$$\frac{P}{2} \times \delta_{mb} - X_a \delta_{ab} - X_b (\delta_{bb} - \delta_{bc}) = 0.$$

FIG. 257.

FIG. 258.

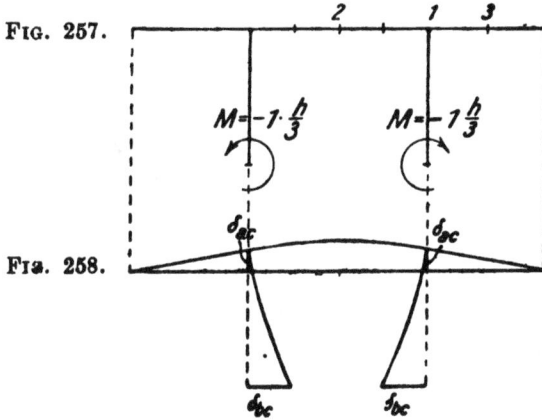

D'où

$$X_a = \frac{P}{2} \times \frac{\delta_{ma} \times \dfrac{\delta_{bb} - \delta_{bc}}{\delta_{ab} - \delta_{ac}} - \delta_{mb}}{\delta_{aa} \times \dfrac{\delta_{bb} - \delta_{bc}}{\delta_{ab} - \delta_{ac}} - \delta_{ab}} = \frac{P}{2} \times \frac{\delta_{ma} a_1 - \delta_{mb}}{C}$$

et

$$X_b = \frac{P}{2} \times \frac{\delta_{mb} \times \dfrac{\delta_{aa}}{\delta_{ab}} - \delta_{ma}}{\delta_{aa} \times \dfrac{\delta_{bb} - \delta_{bc}}{\delta_{ab} - \delta_{ac}} - \delta_{ab}} \times \frac{\delta_{ab}}{\delta_{ab} - \delta_{ac}} = \frac{P}{2} \times \frac{\delta_{mb} a_2 - \delta_{ma}}{C} \times a_3.$$

Calculer les lignes X_a et X_b d'après les formules précédentes. Les ordonnées trouvées sont reportées figures 259 et 260.

$$X_a = \frac{P}{2} \times \eta' \qquad \text{et} \qquad X_b = \frac{P}{2} \times \eta''.$$

Détermination de la ligne d'influence de la pression de l'appui extrême :

$$A_1 = \frac{P}{2} - X_a = \frac{P}{2}[1 - \eta'].$$

Représentation de la relation figure 261.

Détermination de la ligne d'influence du moment en un point quelconque m de la travée centrale:

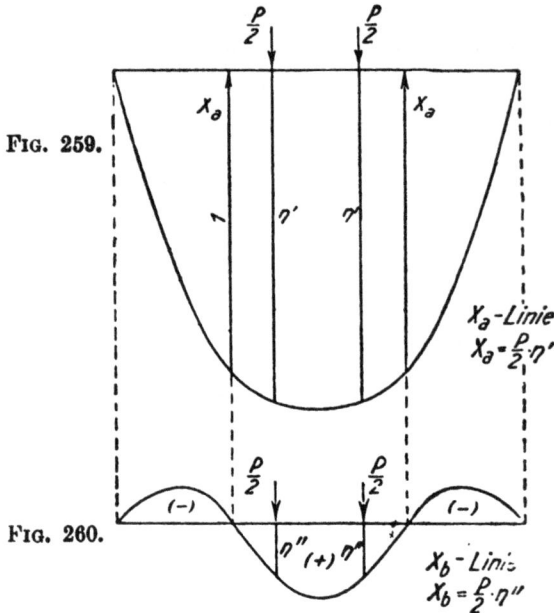

Fig. 259.

Fig. 260.

X_a Linie = Ligne X_a. — X_b Linie = Ligne X_b.

Placer les charges $\frac{P}{2}$ aux points m.

$$M_m = \frac{P}{2}(l_1 + m) - X_a\,l_1 - X_b\,h + X_b \times \frac{h}{3},$$

$$= \frac{P}{2}(l_1 + m) - X_a\,l_1 - X_b \times \frac{2h}{3},$$

$$= \frac{P}{2}\,l_1\left[\frac{l_1 + m}{l_1} - \eta' - \eta'' \times \frac{2h}{3l_1}\right].$$

Construire cette relation et reporter les ordonnées sur une base horizontale (fig. 262)

$$M_m = \frac{P}{2}\,l_1\,\eta.$$

Détermination de la ligne d'influence du moment en un point quelconque n de la travée extrême de la poutre :

Placer les charges $\dfrac{P}{2}$ aux points n.

$$M_n = \frac{P}{2} \times n - X_a \, n = \frac{P}{2} \times n \, [1 - \eta'].$$

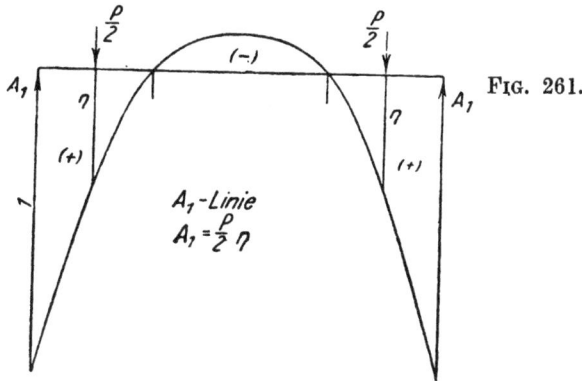

Fig. 261.

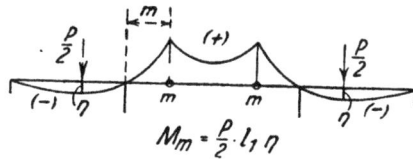

$$M_m = \frac{P}{2} \cdot l_1 \, \eta$$

Fig. 262.

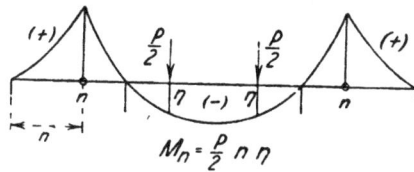

$$M_n = \frac{P}{2} \, n \, \eta$$

Fig. 263.

A₁ Linie = Ligne A₁.

Construire cette expression et reporter les ordonnées sur une base horizontale (fig. 263).

$$M_n = \frac{P}{2} \times n \, \eta.$$

Chargement partiel II (fig. 252).

1. Chargement du système par $X_d = -1$ (fig. 264). Dessiner (fig. 265) la ligne élastique de la poutre.

Valeurs particulières :

$$\delta_{dd}{}^1 = \frac{1 \times l_2{}^3}{24 \, I_2} + \frac{1 \times l_2{}^2 \, h}{4 \, I_3},$$

$$\delta_{ed}{}^5 = \frac{1 \times l_1\, l_2\, h}{2\, I_3},$$

$$\delta_{md}{}^4 = \frac{1 \times 5\, l_2{}^3}{384\, I_2} + \frac{1 \times l_2{}^2\, h}{8\, I_3}.$$

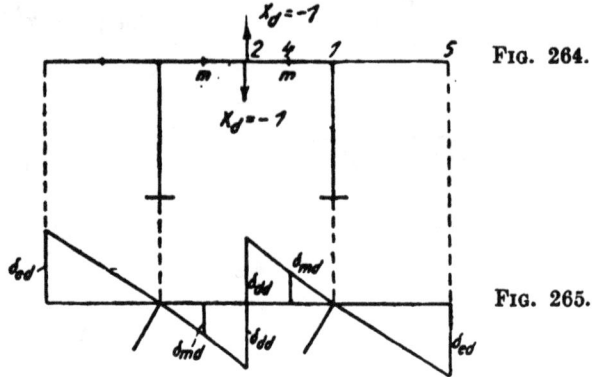

FIG. 264.

FIG. 265.

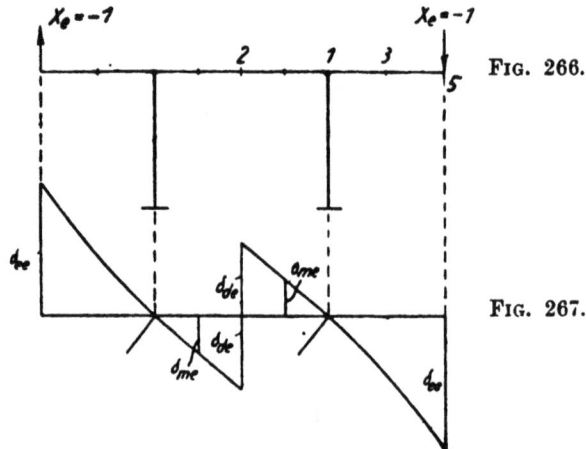

FIG. 266.

FIG. 267.

2. Chargement du système par $X_e = -1$ (fig. 266). La ligne élastique de la poutre est dessinée figure 267.

Valeurs particulières :

$$\delta_{ee}{}^5 = \frac{1 \times l_1{}^3}{3\, I_1} + \frac{1 \times l_1{}^2\, h}{I^3},$$

$$\delta_{de}{}^2 = \frac{1 \times l_1\, l_2\, h}{2\, I^3},$$

$$\delta_{me}{}^3 = \frac{1 \times 5\, l_1{}^3}{48\, I_1} + \frac{1\, l_1{}^2\, h}{2\, I_3}.$$

A l'aide des déplacements :

Point d verticalement

$$\frac{P}{2} \times \delta_{md} - X_d\,\delta_{dd} - X_e\,\delta_{de} = 0.$$

Point e verticalement

$$\frac{P}{2} \times \delta_{me} - X_d\,\delta_{de} - X_e\,\delta_{ee} = 0.$$

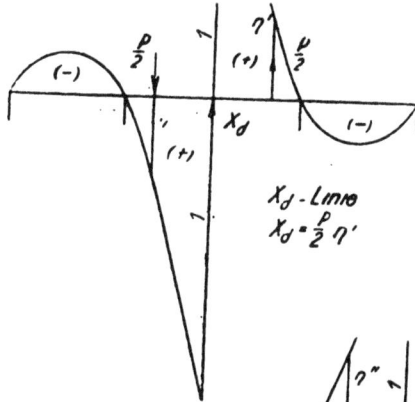

FIG. 268.

X_d - Linie
$X_d = \frac{P}{2}\,\eta'$

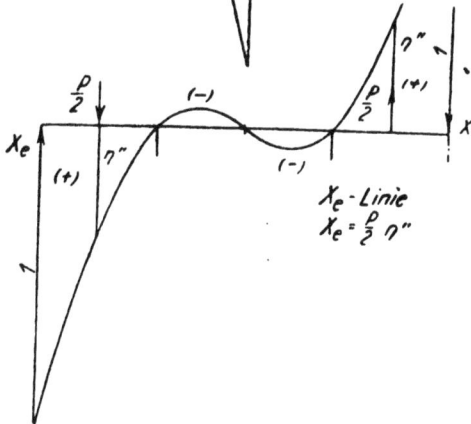

FIG. 269.

X_e - Linie
$X_e = \frac{P}{2}\,\eta''$

X_d Linie = Ligne X_d. — X_e Linie = Ligne X_e.

D'où

$$X_d = \frac{P}{2} \times \frac{\delta_{md} \times \dfrac{\delta_{ee}}{\delta_{de}} - \delta_{me}}{\delta_{dd} \times \dfrac{\delta_{ee}}{\delta_{de}} - \delta_{de}} = \frac{P}{2} \times \frac{\delta_{md}\,a_1 - \delta_{me}}{C}$$

$$X_e = \frac{P}{2} \times \frac{\delta_{me} \times \dfrac{\delta_{dd}}{\delta_{de}} - \delta_{md}}{\delta_{dd} \times \dfrac{\delta_{ee}}{\delta_{de}} - \delta_{de}} = \frac{P}{2} \times \frac{\delta_{me}\,a_2 - \delta_{md}}{C}.$$

Calculer les lignes X_d et X_e d'après les formules précédentes. Les ordonnées trouvées sont reportées figures 268 et 269.

$$X_d = \frac{P}{2} \times \eta' \qquad \text{et} \qquad X_e = \frac{P}{2} \times \eta''.$$

Détermination de la ligne d'influence de la pression des appuis médians :

$$B_1 = \frac{P}{2} + X_e - X_d = \frac{P}{2}(1 + \eta'' - \eta')$$

(Charges $\frac{P}{2}$ dans la travée centrale).

$$B_1 = \qquad\qquad = \frac{P}{2}(1 + \eta' - \eta'')$$

(Charges $\frac{P}{2}$ dans les travées extrêmes.)

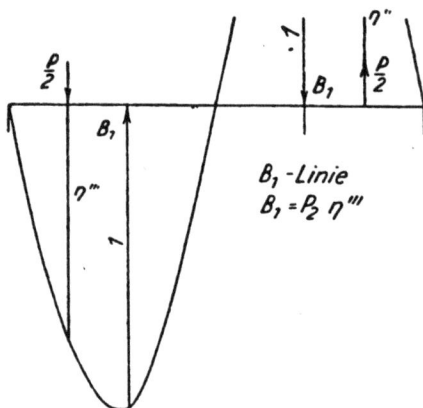

FIG. 270.

B₁ Linie = Ligne B₁.

Représentation de la relation figure 270.

$$B_1 = \frac{P}{2} \times \eta'''.$$

Détermination de la ligne d'influence du moment en un point quelconque *m* de la travée centrale. Placer les charges $\frac{P}{2}$ dans les points *m*.

$$M_m = + X_d \left(\frac{l_2}{2} - m\right) = \frac{P}{2}\left(\frac{l_2}{2} - m\right)\eta'.$$

L'expression doit avoir le même facteur de parenthèse que dans le cas du chargement partiel I. Par conséquent

$$M_m = \frac{P}{2} \times l_1 \left[\frac{\frac{l_2}{2} - m}{l_1} \times \eta' \right].$$

Représentation de la relation figure 271.

$$M_m = \frac{P}{2} \times l_1 \, \eta.$$

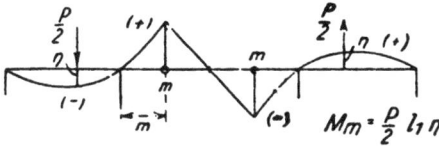

FIG. 271.

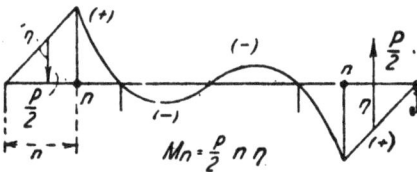

FIG. 272.

Détermination de la ligne d'influence du moment en un point n de la travée extrême.

Placer les charges $\frac{P}{2}$ aux points n.

$$M_n = X_e \, n = \frac{P}{2} \times n \, \eta''.$$

Représentation de la relation figure 272.

Composition des résultats des deux chargements partiels :

Ligne d'influence de la pression des appuis centraux ;

Addition des ordonnées des lignes des figures 259 et 270. Le résultat est donné figure 273.

$$X_a' = P \, \eta \text{ respectivement } P_1 \, \eta_1 + P_2 \, \eta_2 + \dots$$

Ligne d'influence de la pression de l'appui extérieur :

Addition des ordonnées des lignes des figures 261 et 269. (Voir le résultat figure 274.)

$$A = P \, \eta \text{ respectivement } P_1 \, \eta_1 + P_2 \, \eta_2 + \dots$$

Ligne d'influence de la poussée horizontale à la base des poteaux :
(fig. 260). Nouvelle représentation de la ligne figure 275.

$$X_b = \frac{1}{2} \times P \, \eta \text{ respectivement } \frac{1}{2} [P_1 \, \eta_1 + P_2 \, \eta_2 + \ldots].$$

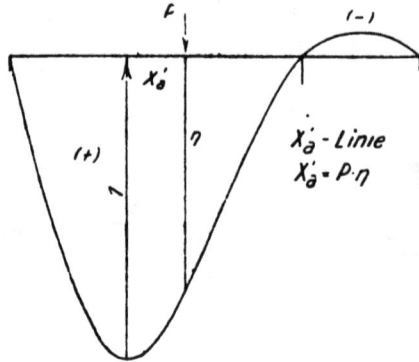

FIG. 273.

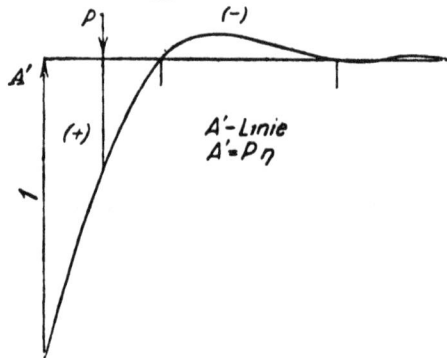

FIG. 274.

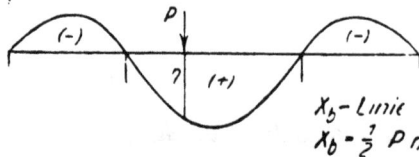

FIG. 275.

X_a' Linie = Ligne X_a'. — A' Linie = Ligne A'. — X_b Linie = Ligne X_b.

Ligne d'influence du moment en un point m de la travée moyenne :

Addition des ordonnées des lignes des figures 262 et 271. (Voir le résultat figure 276.)

$$M_m = \frac{1}{2} \times P \, l_1 \, \eta \text{ respectivement } \frac{l_1}{2} [P_1 \, \eta_1 + P_2 \, \eta_2 + \ldots].$$

Ligne d'influence du moment en un point n de la travée extrême de la poutre :

Addition des ordonnées des lignes figures 263 et 272. (Voir le résultat figure 277).

$$M_n = \frac{1}{2} \times P\,n\,\eta \text{ respectivement } \frac{n}{2}\,[P_1\,\eta_1 + P_2\,\eta_2 + \dots].$$

La recherche de l'effet d'un changement de température sur le système s'exécute de la même manière que dans l'exemple précédent, c'est-à-dire à l'aide des déplacements des pieds des poteaux, trouvés

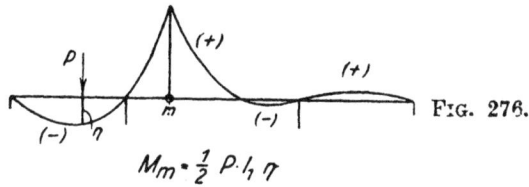

FIG. 276.

$$M_m = \frac{1}{2}\,P \cdot l_1\,\eta$$

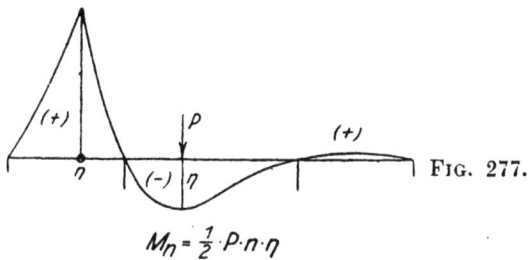

FIG. 277.

$$M_n = \frac{1}{2}\,P \cdot n \cdot \eta$$

figures 254, 256 et 258. On insèrera de nouveau dans les deux équations élastiques (trouvées précédemment et appartenant au chargement partiel I) et à la place des déplacements provoqués par les charges $\frac{P}{2}$ les déplacements engendrés par la variation de température. Au lieu de δ_{ma} on posera $\delta_{am} = \alpha\,t\,h$, et au lieu de δ_{mb} la valeur $\delta_{bm} = \alpha\,t\,\frac{l_2}{2}$.

Exemple 37. — *Poutre droite à plusieurs panneaux (poutre Vierendeel)* (fig. 278).

Six est le nombre de panneaux. Tous les montants ont le même moment d'inertie. De même les moments d'inertie des membrures sont égaux entre eux. Les charges attaquent la membrure supérieure, mais seulement dans les nœuds, de sorte qu'aucune flexion locale entre les nœuds de la membrure n'est à considérer.

Sont recherchées les lignes d'influence de certaines grandeurs statiquement indéterminées, lesquelles rendent possible le calcul de la poutre. En outre, seront aussi recherchées les lignes d'influence des moments en quelques points de la membrure.

Comme grandeurs statiquement indéterminées introduisons les efforts tranchants au milieu des montants. On a ainsi six inconnues. Il est clair que la détermination par la méthode usuelle des lignes d'influence désirées, est fort longue et compliquée, ce qui pratiquement représente un problème à peine exécutable. Recherchons donc à résoudre ce problème à l'aide de notre méthode de décomposition des chargements. On verra que la résolution sera considérablement simplifiée et que le calcul d'une poutre Virerendeel de cette construction sera exécutable sans difficulté.

Comme habituellement, une charge mobile P sert de base à l'établissement des lignes d'influence. Décomposons le chargement en deux autres partiels I et II (fig. 279 et 280). Le premier ne renferme que trois efforts tranchants statiquement indéterminés et agissant au

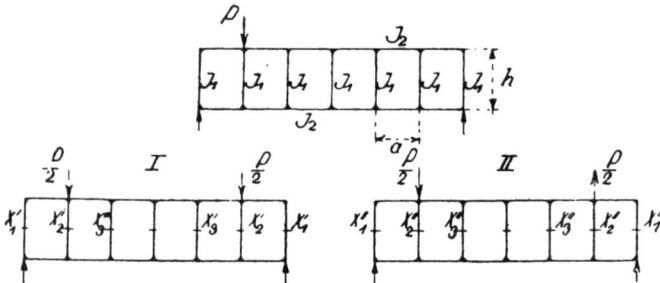

FIG. 278.

FIG. 279.　　　　FIG. 280.

milieu des montants. Désignons-les par X_1', X_2' et X_3'. Il en est de même pour le chargement partiel II. Désignons ces grandeurs par X_1'', X_2'' et X_3''. Nous avons ainsi, au lieu d'un problème six fois statiquement indéterminé, deux calculs isolés, ne renfermant chacun que trois inconnues statiques. A cela s'ajoute l'avantage que les déterminations s'étendent dans chaque cas à une seule moitié de la poutre.

Mais nous pouvons encore simplifier considérablement chaque calcul isolé à l'aide d'une méthode particulière. Chacun des problèmes n'aura ainsi que deux inconnues statiques et la simplicité des calculs ne laissera rien à désirer.

Chargement partiel I (fig. 279).

Détermination de la ligne d'influence de l'effort tranchant X_1' au milieu du premier montant dans le cas de la paire de charges mobiles $\dfrac{P}{2}$.

La figure 281 représente la moitié supérieure de la poutre et les grandeurs inconnues la sollicitant. Notre méthode particulière consiste en ceci : à la place de X_1' introduisons la charge -1, et pour cet état de chargement, cherchons la ligne élastique de la membrure supérieure ; elle représentera alors la ligne d'influence de la grandeur X_1'. Ainsi on aura seulement deux inconnues : X_2' et X_3' ; et de leur détermination résultera facilement la ligne d'influence cherchée.

Les grandeurs X_2' et X_3' peuvent être calculées à l'aide de la condition que la somme des déplacements élastiques des points médians des montants 2 et 3 doit être nulle. Les déplacements seront obtenus à l'aide du théorème des deux moments de Mohr, fréquemment employé précédemment.

Figure 282 : Chargement du système par $X_1' = -1$,
     — 283 :   —   —   — X_2,
     — 284 :   —   —   — X_3.

Les déplacements élastiques des points 2 et 3 résultant des états $X_1 = -1$, X_2' et X_3' sont inscrits en-dessous de chacune des figures précédentes.

Au point 2 :

$$1 \times \frac{a\,h^2}{2\,I_2} - X_2' \times \frac{h^3}{24\,I_1} - X_2' \times \frac{a\,h^2}{2\,I_2} - X_3' \times \frac{a\,h^2}{4\,I_2} = 0$$

Au point 3 :

$$1 \times \frac{a\,h^2}{4\,I_2} - X_2' \times \frac{a\,h^2}{4\,I_2} - X_3' \times \frac{h^3}{24\,I_1} - X_3' \times \frac{a\,h^2}{4\,I_2} = 0$$

Ou

$$X_2' \left(a + \frac{h}{12} \times \frac{I_2}{I_1} \right) + X_3' \times \frac{a}{2} = 1 \times a,$$

$$X_2' \times a + X_3 \left(a + \frac{h}{6} \times \frac{I_2}{I_1} \right) = 1 \times a.$$

Ces deux équations donnent les grandeurs cherchées X_2' et X_3'.

Considérons l'exemple numérique suivant :

$$a = 4,0 \text{ m.}, \quad h = 4,8 \text{ m.}, \quad \frac{I_2}{I_1} = \frac{3}{2}.$$

Il s'ensuit :

$$X_2' \times 4,60 + X_3' \times 2,00 = 1 \times 4,$$
$$X_2' \times 4,00 + X_3' \times 5,20 = 1 \times 4.$$

D'où

$$X_2' = 1 \times 0,80402$$

et

$$X_3' = 1 \times 0,15076.$$

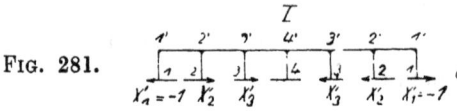

FIG. 281.

FIG. 282.   FIG. 283.   FIG. 284.

Déplacement en 2: $1 \dfrac{a.h^2}{2 J_2}$

Déplacement en 3 $1 \dfrac{a.h^2}{4 J_2}.$

FIG. 285.

FIG. 286.

FIG. 287.

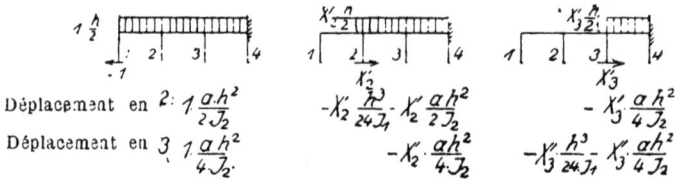

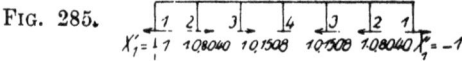

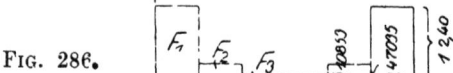

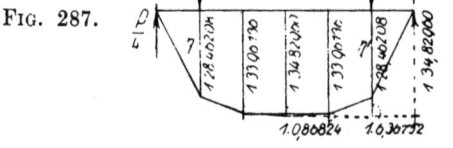

Il reste maintenant à obtenir la ligne d'influence de la membrure pour l'état de chargement $X_1' = -1$. Analytiquement le problème se résout facilement ; et pour cela on applique le théorème des deux moments. Il ne s'agit que d'un travail insignifiant, attendu que seules seront utilisées les ordonnées calculées dans les nœuds de la ligne élastique.

Les moments dans les membrures **résultant** de l'état de chargement **en présence** sont représentés figure 286. Les valeurs se calculent comme suit :

Dans le nœud 1' :

$$M = 1 \times \frac{h}{2} = 1 \times 2{,}40.$$

Dans le nœud 2' :

$$M = 1 \times \frac{h}{2} (1 - 0{,}80402) = 1 \times 0{,}47035.$$

Dans le nœud 3' :

$$M = 1 \times \frac{h}{2} (1 - 0{,}80402 - 0{,}15076) = 1 \times 0{,}10853.$$

Les surfaces des moments s'élèvent à

$$F_1 = 1 \times 2{,}40 \quad \times 4 = 1 \times 9{,}60000,$$
$$F_2 = 1 \times 0{,}47035 \times 4 = 1 \times 1{,}88140,$$
$$F_3 = 1 \times 0{,}10853 \times 4 = 1 \times 0{,}43412.$$

On obtient ensuite les déplacements verticaux suivant des nœuds :
Nœud 1' :

$$1 \times 9{,}60000 \times \ 2 = 1 \times 19{,}20000$$
$$1 \times 1{,}88140 \times \ 6 = 1 \times 11{,}28840$$
$$1 \times 0{,}43412 \times 10 = 1 \times \ \ 4{,}34120$$
$$\overline{\qquad\qquad\qquad}$$
$$\eta_1 = 1 \times 34{,}82960$$

Nœud 2' :

$$1 \times 1{,}88140 \times 2 = 1 \times 3{,}76280$$
$$1 \times 0{,}43412 \times 6 = 1 \times 2{,}60472$$
$$\overline{\qquad\qquad\qquad}$$
$$\eta_2 = 1 \times 6{,}36752$$

Nœud 3' :

$$1 \times 0{,}43412 \times 2 = 1 \times 0{,}86824$$
$$\eta_3 = 1 \times 0{,}86824$$

Les ordonnées correspondantes de la ligne élastique sont dessinées figure 287. A la place de la courbe, une droite est simplement tirée entre chaque nœud.

Nous avons encore maintenant à déterminer le déplacement

horizontal du point d'application de $X_1' = -1$. A l'aide de la même méthode on trouve pour la membrure :

$$1 \times 9{,}60000 \times 2{,}4 + 1 \times 1{,}88140 \times 2{,}4 + 1 \times 0{,}43412 \times 2{,}40$$
$$= 1 \times 23{,}04000 + 1 \times 4{,}51536 + 1 \times 1{,}04189$$
$$= 1 \times 28{,}59725.$$

Du montant 1 résulte

$$1 \times \frac{h^3}{24 \times \dfrac{I_1}{I_2}} = 1 \times \frac{\overline{4{,}80}^3}{24 \times \dfrac{2}{3}} = 1 \times 6{,}91200.$$

Par conséquent, le déplacement total s'élève à

$$\delta_1' = 1 \times 28{,}59725 + 1 \times 6{,}91200 = 1 \times 35{,}50925 = \sim 1 \times 35{,}51.$$

Si η désigne les ordonnées de ligne élastique mesurée sous la paire de charges mobiles, on a

$$X_1' = \frac{P}{4} \times \frac{\eta'}{\delta_1'} = \frac{P}{4} \times \frac{\eta'}{35{,}51}.$$

Remarquons maintenant ce qui suit : lors de la recherche des grandeurs statiquement indéterminées, on a négligé la faible influence des déformations dues aux efforts normaux et tranchants. Ceci demande que le chargement de la poutre soit constamment réparti par moitié entre les membrures supérieure et inférieure. Par conséquent, lors de l'étude de la moitié supérieure du système, on a la paire de charges $\dfrac{P}{4}$ au lieu de $\dfrac{P}{2}$.

Chargement partiel II (fig. 280).

De nouveau, détermination de la ligne d'influence de l'effort tranchant X_1'' au milieu du premier montant pour une paire de charges mobiles $\dfrac{P}{2}$.

Comme précédemment, la figure 288 représente la moitié supérieure de la poutre, ainsi que les grandeurs inconnues. A la place de la force X_1'' insérons de nouveau la force -1 et déterminons la ligne élastique de la membrure supérieure. Celle-ci représentera comme précédemment la ligne d'influence de la grandeur X_1''. Sont de nouveau inconnues les grandeurs X_2'' et X_3'' dont la connaissance permet d'établir facilement la ligne d'influence cherchée.

Le calcul de ces valeurs est basé de nouveau sur la condition que la somme des déplacements élastiques des points médians des montants 2 et 3 doit être nulle.

Figure 289 : Chargement du système par $X_1'' = -1$,
— 290 : — — — X_2'',
— 291 : — — — X_3''.

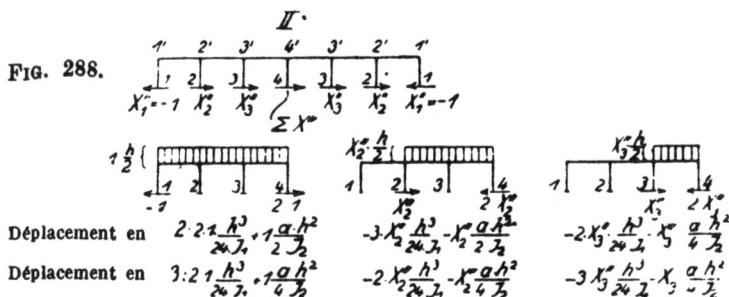

Fig. 288.

Déplacement en

Déplacement en

Fig. 289.   Fig. 290.   Fig. 291.

Les déplacements des points 2 et 3 en direction des grandeurs inconnues sont de nouveau indiqués sous chaque figure. On doit avoir :

Au point 2 :

$$2 \times 1 \times \frac{h^3}{24\,I_1} + 1 \times \frac{a\,h^2}{2\,I_2} - 3\,X_2'' \times \frac{h^3}{24\,I_1} -$$

$$- X_2'' \times \frac{a\,h^2}{2\,I_2} - 2\,X_3'' \times \frac{h^3}{24\,I_1} - X_3'' \times \frac{a\,h^2}{4\,I_2} = 0.$$

Au point 3 :

$$2 \times 1 \times \frac{h^3}{24\,I_1} + 1 \times \frac{a\,h^2}{4\,I_2} - 2\,X_2'' \times \frac{h^3}{24\,I_1} -$$

$$- X_2'' \times \frac{a\,h^2}{4\,I_2} - 3\,X_3'' \times \frac{h^3}{24\,I_1} - X_3 \times \frac{a\,h^2}{4\,I_2} = 0.$$

Ou

$$X_2''\left(a + \frac{h}{4} \times \frac{I_2}{I_1}\right) + X_3''\left(\frac{a}{2} + \frac{h}{6} \times \frac{I_2}{I_1}\right) = 1\left(a + \frac{h}{6} \times \frac{I_2}{I_1}\right)$$

$$X_2''\left(a + \frac{h}{3} \times \frac{I_2}{I_1}\right) + X_3''\left(a + \frac{h}{2} \times \frac{I_2}{I_1}\right) = 1\left(a + \frac{h}{3} \times \frac{I_2}{I_1}\right).$$

En insérant les valeurs numériques, on a

$$X_2'' \times 5,80 + X_3'' \times 3,20 = 1 \times 5,20,$$

$$X_2'' \times 6,40 + X_3'' \times 7,60 = 1 \times 6,40.$$

D'où

$$X_2'' = 1 \times 0{,}80678,$$
$$X_3'' = 1 \times 0{,}16271.$$

Nous devons maintenant obtenir la ligne élastique de la membrure supérieure pour cet état de chargement $X_1'' = -1$. Les moments agissants sont dessinés figure 293. Les valeurs se calculent comme suit :

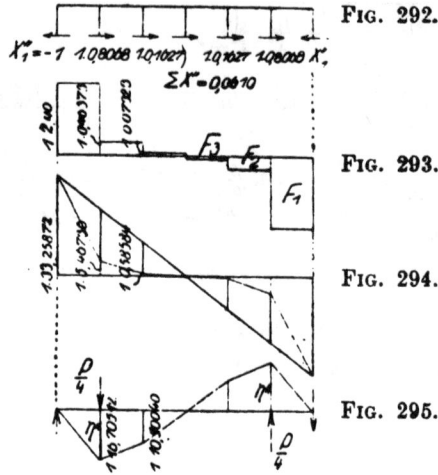

FIG. 292.

FIG. 293.

FIG. 294.

FIG. 295.

Dans le nœud 1′ :

$$M = 1 \times \frac{h}{2} = 1 \times 2{,}40.$$

Dans le nœud 2′ :

$$M = 1 \times \frac{h}{2}(1 - 0{,}80678) = 1 \times 0{,}46373.$$

Dans le nœud 3′ :

$$M = 1 \times \frac{h}{2}(1 - 0{,}80678 - 0{,}16271) = 1 \times 0{,}07323.$$

Les surfaces des moments sont

$$F_1 = 1 \times 2{,}40 \quad \times 4 = 1 \times 9{,}60000,$$
$$F_2 = 1 \times 0{,}46373 \times 4 = 1 \times 1{,}85492,$$
$$F_3 = 1 \times 0{,}07323 \times 4 = 1 \times 0{,}29292.$$

Le calcul donne les déplacements verticaux suivant des nœuds :

Nœud 1′ :

$$1 \times 9{,}60000 \times 2 = 1 \times 19{,}20000$$
$$1 \times 1{,}85492 \times 6 = 1 \times 11{,}12952$$
$$1 \times 0{,}29292 \times 10 = 1 \times 2{,}92920$$

$$\eta_1 = 1 \times 33{,}25872$$

Nœud 2′ :

$$1 \times 1{,}85492 \times 2 = 1 \times 3{,}70984$$
$$1 \times 0{,}29292 \times 6 = 1 \times 1{,}75752$$

$$\eta_2 = 5{,}46736$$

Nœud 3′ :

$$1 \times 0{,}29292 \times 2 = 1 \times 0{,}58584$$
$$\eta_3 = 1 \times 0{,}58584.$$

Les valeurs sont reportées figure 294. En outre la figure 295 représente la ligne élastique réelle rapportée à une base horizontale. A la place de la courbe, une droite est simplement tirée entre chaque nœud.

Maintenant, on doit encore déterminer le déplacement horizontal du point d'application de $X_1'' = -1$. On obtient :

$$1 \times 9{,}60000 \times 2{,}40 + 1 \times 1{,}85492 \times 2{,}40 + 1 \times 0{,}29292 \times 2{,}40$$
$$= 1 \times 23{,}04000 + 1 \times 4{,}45181 + 1 \times 0{,}70301$$
$$= 1 \times 28{,}19482.$$

Les montants donnent :

En 1 :

$$1 \times \frac{h^3}{24 \times \frac{I_1}{I_2}} = 1 \times \frac{\overline{4{,}80}^3}{24 \times \frac{2}{3}} = 1 \times 6{,}91200,$$

En 4 :

$$0{,}0610 \times \frac{h^3}{24 \times \frac{I_1}{I_2}} = 0{,}0610 \times \frac{\overline{4{,}80}^3}{24 \times \frac{2}{3}} = 1 \times 0{,}42163.$$

Le déplacement total s'élève par conséquent à

$$\delta_1'' = 1 \times 28{,}19482 + 1 \times 6{,}91200 + 1 \times 0{,}42163 =$$
$$= 1 \times 35{,}52745 = \sim 1 \times 35{,}53 ;$$

Si η désigne maintenant les ordonnées de la ligne élastique mesurées sous la paire de charges mobiles, on a

$$X_1'' = \frac{P}{4} \times \frac{\eta''}{\delta_1''} = \frac{P}{4} \times \frac{\eta''}{35,53}.$$

Pour obtenir la ligne d'influence cherchée de l'effort tranchant X_1 dans le cas d'une charge mobile P (fig. 278), on utilisera les résultats des deux chargements partiels ; par conséquent, on composera la ligne d'influence de I et celle de II :

$$X_1 = X_1' + X_1'' = \frac{P}{4} \times \frac{\eta'}{\delta_1'} + \frac{P}{4} \times \frac{\eta''}{\delta_1''}$$

$$= P \times \frac{1}{4\,\delta_1'} \left(\eta' + \eta'' \times \frac{\delta_1'}{\delta_1''} \right).$$

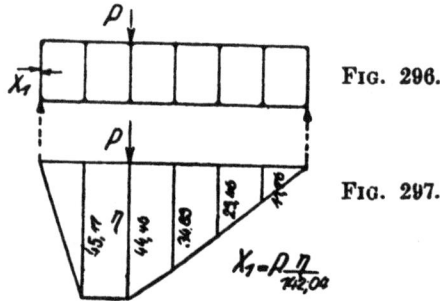

Fig. 296.

Fig. 297.

Lors de la composition des lignes élastiques, on devra donc multiplier les ordonnées de la ligne II par le facteur $\dfrac{\delta_1'}{\delta_1''}$. Dans notre cas,

$$\frac{35,51}{35,53} = \backsim 1.$$

On obtient finalement (fig. 297) le résultat cherché. Si η désigne l'ordonnée de la ligne, mesurée sous P, on a

$$X_1 = P \times \frac{\eta}{4\,\delta_1'} = P \times \frac{\eta}{4 \times 35,51} = P \times \frac{\eta}{142,04}.$$

Dans le cas de plusieurs charges

$$X_1 = \frac{1}{142,04}\,[P_1\,\eta_1 + P_2\,\eta_2 + \dots].$$

Chargement partiel I (fig. 279).

Détermination de la ligne d'influence de l'effort tranchant X_2' *au* milieu du deuxième montant, dans le cas d'une paire de charges mobiles $\frac{P}{2}$.

Attendu que les développements qui vont suivre ne sont que la répétition des précédents, nous nous contenterons de les résumer.

Figure 298 : moitié supérieure de la poutre avec la force $X_2' = -1$ et les grandeurs inconnues X_1' et X_3'.

Figure 299 : chargement du système par $X_2' = -1$,
— 300 : — — X_1',
— 301 : — — $-X_3'$.

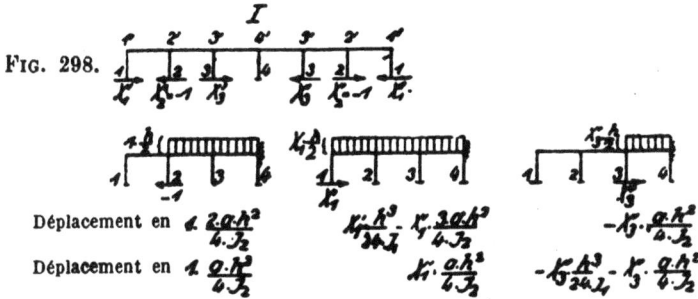

Fig. 298.

Déplacement en ...
Déplacement en ...

Fig. 299. Fig. 300. Fig. 301.

Les déplacements élastiques sont écrits en-dessous de chacune de ces figures. On doit avoir :

Au point 1 :

$$1 \times \frac{2\,a\,h^2}{4\,I_2} - X_1' \times \frac{h^3}{24\,I_1} - X_1' \times \frac{3\,a\,h^2}{4\,I_2} - X_3' \times \frac{a\,h^2}{4\,I_2} = 0.$$

Au point 3 :

$$1 \times \frac{a\,h^2}{4\,I_2} - X_1' \times \frac{a\,h^2}{4\,I_2} - X_3' \times \frac{h^3}{24\,I_1} - X_3' \times \frac{a\,h^2}{4\,I_2} = 0.$$

Ou

$$X_1'\left(3\,a + \frac{h}{6} \times \frac{I_2}{I_1}\right) + X_3'\,a = 1 \times 2\,a,$$

$$X_1'\,a + X_3'\left(a + \frac{h}{6} \times \frac{I_2}{I_1}\right) = 1 \times a.$$

Les nombres donnent :

$$X_1' \times 13,20 + X_3' \times 4,00 = 1 \times 8,00,$$
$$X_1' \times 4,00 + X_3' \times 5,20 = 1 \times 4,00.$$

D'où
$$X_1' = 1 \times 0,48632,$$
$$X_2' = 1 \times 0,39514.$$

Détermination des moments dans la membrure :

Au nœud 1' :
$$M = -1 \times 0,48632 \times \frac{h}{2} = -1 \times 1,16717.$$

Au nœud 2' :
$$M = 1 \times \frac{h}{2}(1 - 0,48632) = 1 \times 1,23283.$$

Au nœud 3' :
$$M = 1 \times \frac{h}{2}(1 - 0,48632 - 0,39514) = 1 \times 0,28449.$$

Les valeurs sont reportées figure 303.

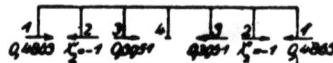

FIG. 302.

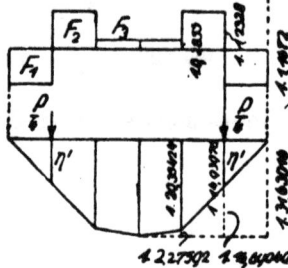

FIG. 303.

FIG. 304.

Les surfaces des moments sont :
$$F_1 = 1 \times 1,16717 \times 4 = 1 \times 4,66868,$$
$$F_2 = 1 \times 1,23283 \times 4 = 1 \times 4,93132,$$
$$F_3 = 1 \times 0,28449 \times 4 = 1 \times 1,13796.$$

Les déplacements des nœuds s'élèvent à :

Nœud 1' :
$$-1 \times 4,66868 \times 2 = -1 \times 9,33736$$
$$1 \times 4,93132 \times 6 = 1 \times 29,58792$$
$$1 \times 1,13796 \times 10 = 1 \times 11,37960$$
$$\overline{\qquad\qquad\qquad}$$
$$\eta_1 = 1 \times 31,63016$$

Nœud $2'$:

$$1 \times 4,93132 \times 2 = \quad 1 \times 9,86264$$
$$1 \times 1,13796 \times 6 = \quad 1 \times 6,82776$$
$$\eta_2 = \quad 1 \times 16,69040$$

Nœud $3'$:

$$1 \times 1,13796 \times 2 = \quad 1 \times 2,27592$$
$$\eta_3 = \quad 1 \times 2,27592.$$

Figure 304 : représentation de la ligne élastique.

Déplacement horizontal du point d'application de $X_2' = -1$:

$$1 \times 4,93132 \times 2,4 + 1 \times 1,13796 \times 2,4$$
$$= 1 \times 11,83517 + 1 \times 2,73111$$
$$= 1 \times 14,56628.$$

$$1 \times \frac{h^3}{24 \times \frac{I_1}{I_2}} = 1 \times \frac{\overline{4,80}^3}{24 \times \frac{2}{3}} = 1 \times 6,91200.$$

Déplacement total :

$$\delta_2' = 1 \times 14,56628 + 1 \times 6,91200 = 1 \times 21,47828 = \backsim 1 \times 21,48.$$

On a

$$X_2' = \frac{P}{4} \times \frac{\eta'}{\delta_2'} = \frac{P}{4} \times \frac{\eta'}{21,48}.$$

Chargement partiel II (fig. 280).

Détermination de la ligne d'influence de l'effort tranchant X_2'' au milieu du deuxième montant dans le cas de la paire de charges mobiles $\dfrac{P}{2}$.

Figure 305 : Moitié supérieure de la poutre avec la force $X_2'' = -1$ et les grandeurs inconnues X_1'' et X_3''.

Figure 306 : chargement du système par $X_2'' = -1$,
    —   307 :   —   —   — X_1'',
    —   308 :   —   —   — X_3''.

Les déplacements élastiques sont inscrits en dessous de ces figures. On doit avoir :

Au point 1 :

$$2 \times 1 \times \frac{h^3}{24\,I_1} + 1 \times \frac{2\,a\,h^2}{4\,I_2} - X_1'' \times \frac{3\,h^3}{24\,I_1} -$$

$$- X_1'' \times \frac{3\,a\,h^2}{4\,I_2} - X_3'' \times \frac{2\,h^3}{24\,I_1} - X_3'' \times \frac{a\,h_2}{4\,I_2} = 0.$$

Au point 3 :

$$2 \times 1 \times \frac{h^3}{24\,I_1} + 1 \times \frac{a\,h^2}{4\,I_2} - X_1'' \times \frac{2\,h^3}{24\,I_1} -$$

$$- X_1'' \times \frac{a\,h^2}{4\,I_2} - X_3'' \times \frac{3\,h^3}{24\,I_1} - X_3'' \times \frac{a\,h^3}{4\,I_2} = 0$$

FIG. 305.

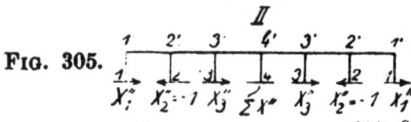

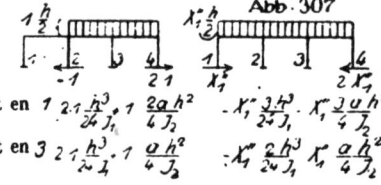

Abb. 307

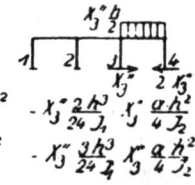

Déplacement en 1 $2.1\frac{h^3}{24\,J_1} \cdot 1\,\frac{2a\,h^2}{4\,J_2}$ $X_1'\,\frac{3\,h^3}{24\,J_1}\;X_1\,\frac{3\,a\,h^2}{4\,J_2}$ $-X_3'\,\frac{2\,h^3}{24\,J_1}\;X_3'\,\frac{a\,h^2}{4\,J_2}$

Déplacement en 3 $2.1\frac{h^3}{24\,J_1} \cdot 1\,\frac{a\,h^2}{4\,J_2}$ $X_1''\,\frac{2\,h^3}{24\,J_1}\;X_1\,\frac{a\,h^2}{4\,J_2}$ $-X_3''\,\frac{3\,h^3}{24\,J_1}\;X_3\,\frac{a\,h^2}{4\,J_2}$

FIG. 306.   FIG. 307.   FIG. 308.

Ou

$$X_1'' \times 3\left(a + \frac{h}{6} \times \frac{I_2}{I_1}\right) + X_3''\left(a + \frac{h}{3} \times \frac{I_2}{I_1}\right) = 1\left(2\,a + \frac{h}{3} \times \frac{I_2}{I_1}\right)$$

$$X_1''\left(a + \frac{h}{3} \times \frac{I_2}{I_1}\right) + X_3''\left(a + \frac{'h}{2} \times \frac{I_2}{I_1}\right) = 1\left(a + \frac{h}{3} \times \frac{I_2}{I_1}\right).$$

Les nombres donnent :

$$X_1'' \times 15,60 + X_3'' \times 6,40 = 10,40,$$
$$X_1'' \times 6,40 + X_3'' \times 7,60 = 6,40.$$

D'où

$$X_1'' = 1 \times 0,49072,$$
$$X_3'' = 1 \times 0,42887.$$

Détermination des moments dans la membrure :

Au nœud 1′ :

$$M = -1 \times 0,49072 \times \frac{h}{2} = -1 \times 1,17773.$$

Au nœud 2' :

$$M = 1 \times \frac{h}{2}(1 - 0,49072) = 1 \times 1,22227.$$

Au nœud 3' :

$$M = 1 \times \frac{h}{2}(1 - 0,49072 - 0,42887) = 1 \times 0,19298.$$

Les valeurs sont représentées figure 310.

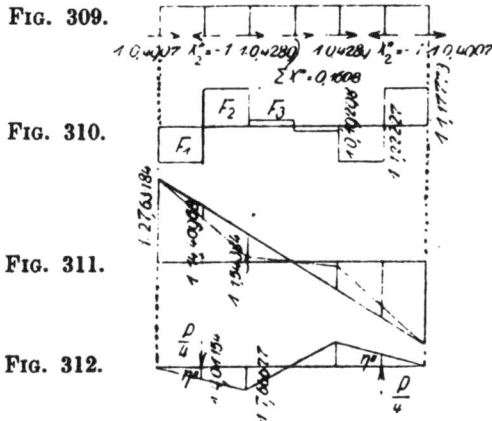

FIG. 309.

FIG. 310.

FIG. 311.

FIG. 312.

Les surfaces des moments sont

$$F_1 = 1 \times 1,17773 \times 4 = 1 \times 4,71092,$$
$$F_2 = 1 \times 1,22227 \times 4 = 1 \times 4,88908,$$
$$F_3 = 1 \times 0,19298 \times 4 = 1 \times 0,77192.$$

Les déplacements des nœuds s'élèvent à :

Nœud 1' :

$$
\begin{array}{rcrr}
-1 \times 4,71092 & \times & 2 = & -1 \times 9,42184 \\
1 \times 4,88908 & \times & 6 = & 1 \times 29,33448 \\
1 \times 0,77192 & \times & 10 = & 1 \times 7,71920 \\
\hline
& \eta_1 = & & 1 \times 27,63184
\end{array}
$$

Nœud 2' :

$$
\begin{array}{rcrr}
1 \times 4,88908 & \times & 2 = & 1 \times 9,77816 \\
1 \times 0,77192 & \times & 6 = & 1 \times 4,63152 \\
\hline
& \eta_2 = & & 1 \times 14,40968
\end{array}
$$

Nœud 3' :

$$
\begin{array}{rcrr}
1 \times 0,77192 & \times & 2 = & 1 \times 1,54384 \\
& \eta_3 = & & 1 \times 1,54384.
\end{array}
$$

Figure 311 : Représentation des ordonnées.

Figure 312 : Représentation de la ligne élastique, la base étant horizontale. Déplacement horizontal du point d'application de $X_2'' = -1$:

$$1 \times 4{,}88908 \times 2{,}4 + 1 \times 0{,}77192 \times 2{,}4$$
$$= 1 \times 13{,}58640.$$

$$1 \times \frac{h^3}{24 \times \frac{2}{3}} + 1 \times 0{,}16082 \times \frac{h^3}{24 \times \frac{2}{3}}$$

$$1 \times 6{,}91200 + 1 \times 1{,}11159 = 1 \times 8{,}02359.$$

Déplacement total :

$$\delta_2'' = 1 \times 13{,}5864 + 1 \times 8{,}02359 = 1 \times 21{,}60999 = \curvearrowright 1 \times 21{,}61.$$

On a

$$X_2'' = \frac{P}{4} \times \frac{\eta''}{\delta_2''} = \frac{P}{4} \times \frac{\eta''}{21{,}61}.$$

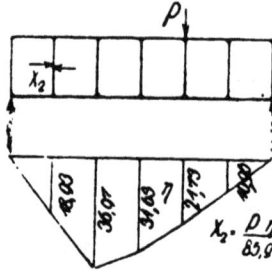

Fig. 313.

Fig. 314.

La ligne d'influence cherchée de X_2 s'obtient en composant les résultats partiels :

$$X_2 = X_2' + X_2''$$
$$= \frac{P}{4} \times \frac{\eta'}{\delta_2'} + \frac{P}{4} \times \frac{\eta''}{\delta_2''}$$
$$= P \times \frac{1}{4\,\delta_2'} \left(\eta' + \eta'' \times \frac{\delta_2'}{\delta_2''} \right).$$

Représentation de la ligne (fig. 314).

Pour une **charge mobile P sur la poutre, on a**

$$X_2 = P \times \frac{\eta}{4\,\delta_2'} = P \times \frac{\eta}{85{,}92}.$$

Ou

$$X_2 = \frac{1}{85{,}92} \left[P_1\,\eta_1 + P_2\,\eta_2 + \dots \right].$$

Chargement partiel I (fig. 279).

Détermination de la ligne d'influence de l'effort tranchant X_3' *au* milieu du troisième montant dans le cas de la paire de charges mobiles $\frac{P}{2}$.

Figure 315 : moitié supérieure de la poutre avec la force $X_3' = -1$ et les grandeurs inconnues X_1' et X_2'.

Figure 316 : chargement du système par $X_3' = -1$,
— 317 : — — — X_1',
— 318 : — — — X_2'.

FIG. 315.

Déplacement en 1:

Déplacement en 2:

FIG. 316. FIG. 317. FIG. 318.

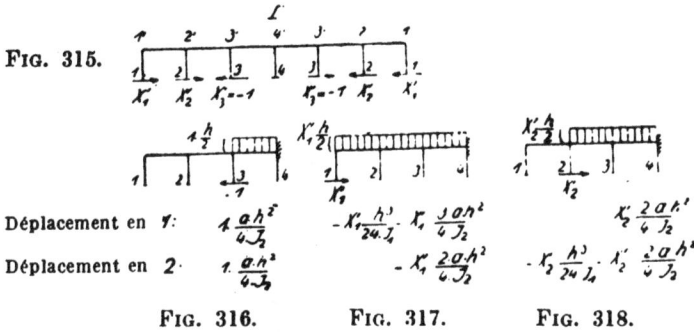

Les déplacements élastiques sont inscrits en dessous de chaque figure. On doit avoir :

Au point 1 :

$$1 \times \frac{a\,h^2}{4\,I_2} - X_1' \times \frac{h^3}{24\,I_1} - X_1' \times \frac{3\,a\,h^2}{4\,I_2} - X_2' \times \frac{2\,a\,h^2}{4\,I_2} = 0.$$

Au point 2 :

$$1 \times \frac{a\,h^2}{4\,I_2} - X_1' \times \frac{2\,a\,h^2}{4\,I_2} - X_2' \times \frac{h^3}{24\,I_1} - X_2' \times \frac{2\,a\,h^2}{4\,I_2} = 0.$$

Ou

$$X_1'\left(3\,a + \frac{h}{6} \times \frac{I_2}{I_1}\right) + X_2' \times 2\,a = 1 \times a$$

$$X_1' \times 2\,a + X_2'\left(2\,a + \frac{h}{6} \times \frac{I_2}{I_1}\right) = 1 \times a.$$

Les nombres donnent :

$$X_1' \times 13,20 + X_2' \times 8,00 = 1 \times 4,00,$$
$$X_1' \times 8,00 + X_2' \times 9,20 = 1 \times 4,00.$$

D'où

$$X_1' = 1 \times 0,08356,$$
$$X_2' = 1 \times 0,36212.$$

Détermination des moments dans la membrure.

Au nœud $1'$:

$$M = -1 \times 0,08356 \times \frac{h}{2} = -1 \times 0,20055.$$

Au nœud $2'$:

$$M = -1 \times \frac{h}{2}(0,08356 + 0,36212) = -1 \times 1,06963.$$

Au nœud $3'$:

$$M = 1 \times \frac{h}{2}(1 - 0,08356 - 0,36212) = +1 \times 1,33037.$$

FIG. 319.

FIG. 320.

FIG. 321.

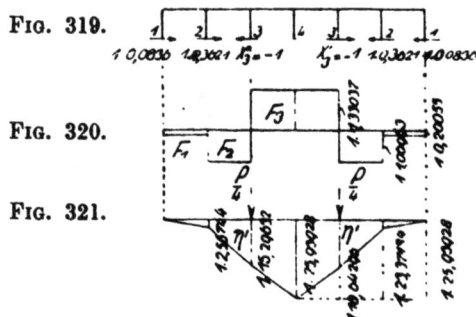

Les valeurs sont reportées figure 320.

Les surfaces des moments sont :

$$F_1 = 1 \times 0,20055 \times 4 = 1 \times 0,80220,$$
$$F_2 = 1 \times 1,06963 \times 4 = 1 \times 4,27852,$$
$$F_3 = 1 \times 1,33037 \times 4 = 1 \times 5,32148.$$

Les déplacements des nœuds s'élèvent à :

Nœud $1'$:

$$-1 \times 0,80220 \times 2 = -1 \times 1,60440$$
$$-1 \times 4,27852 \times 6 = -1 \times 25,67112$$
$$+1 \times 5,32148 \times 10 = +1 \times 53,21480$$
$$\eta_1 = \quad 1 \times 25,93928.$$

Nœud $2'$:

$$-1 \times 4{,}27852 \times 2 = -1 \times 8{,}55704$$
$$+1 \times 5{,}32148 \times 6 = +1 \times 31{,}92888$$

$$\eta_2 = 1 \times 23{,}37184.$$

$$1 \times 5{,}32148 \times 2 = 1 \times 10{,}64296$$
$$\eta_3 = 1 \times 10{,}64296.$$

Figure 321 : représentation de la ligne élastique.

Déplacement horizontal du point d'application de $X_3' = -1$:

$$1 \times 5{,}32148 \times 2{,}4 = 1 \times 12{,}77155.$$

$$1 \times \frac{h^3}{24 \times \dfrac{I_1}{I_2}} = 1 \times 6{,}91200.$$

Déplacement total :

$$\delta_3' = 1 \times 12{,}77155 + 1 \times 6{,}91200 = 1 \times 19{,}68355 = \sim 1 \times 19{,}68.$$

On a

$$X_3' = \frac{P}{4} \times \frac{\eta'}{\delta_3'} = \frac{P}{4} \times \frac{\eta'}{19{,}68}.$$

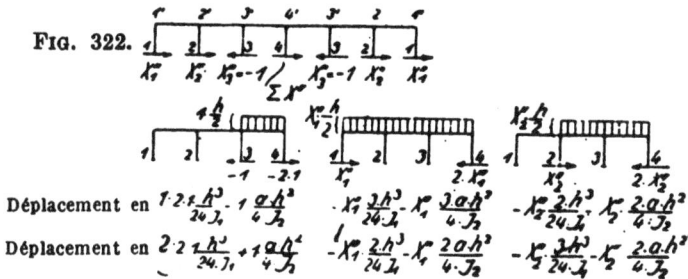

FIG. 322.

Déplacement en

Déplacement en

FIG. 323. FIG. 324. FIG. 325.

Chargement partiel II (fig. 280).

Détermination de la ligne d'influence de l'effort tranchant X_3'' au milieu du troisième montant dans le cas de la paire de charges mobiles $\dfrac{P}{2}$.

Figure 322 : moitié supérieure de la poutre avec la force $X_3'' = -1$ et les inconnues X_1'' et X_2''.

Figure 323 : chargement du système par $X_3'' = -1$,

— 324 : — — — X_1'',

— 325 : — — — X_2''.

Les déplacements élastiques sont inscrits en-dessous de ces figures. On doit avoir :

Au point 1 :

$$2 \times 1 \times \frac{h^3}{24\,I_1} + 1 \times \frac{a\,h_2}{4\,I_2} - X_1'' \times \frac{3\,h^3}{24\,I_1} - X_1'' \times \frac{3\,a\,h^2}{4\,I_2} -$$

$$- X_2'' \times \frac{2\,h^3}{24\,I_1} - X_2'' \times \frac{2\,a\,h^2}{4\,I_2} = 0.$$

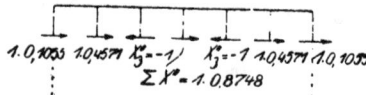

FIG. 326.

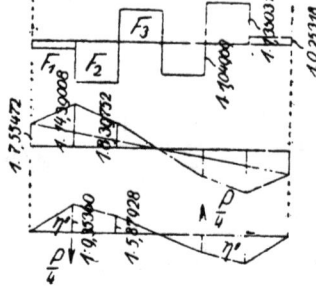

FIG. 327.

FIG. 328.

FIG. 329.

Au point 2 :

$$2 \times 1 \times \frac{h^3}{24\,I_1} + 1 \times \frac{a\,h^2}{4\,I_2} - X_1'' \times \frac{2\,h^3}{24\,I_1} - X_1'' \times \frac{2\,a\,h^2}{4\,I_2} -$$

$$- X_2'' \times \frac{3\,h^3}{24\,I_1} - X_2'' \times \frac{2\,a\,h^2}{4\,I_2} = 0.$$

Ou

$$X_1'' \left(3\,a + \frac{h}{2} \times \frac{I_2}{I_1}\right) + X_2'' \left(2\,a + \frac{h}{3} \times \frac{I_2}{I_1}\right) = a + \frac{h}{3} \times \frac{I_2}{I_1}$$

$$X_1'' \left(2\,a + \frac{h}{2} \times \frac{I_2}{I_1}\right) + X_2'' \left(2\,a + \frac{h}{2} \times \frac{I_2}{I_1}\right) = a + \frac{h}{3} \times \frac{I_2}{I_1}.$$

Les nombres donnent :

$$X_1'' \times 15,60 + X_2'' \times 10,40 = 6,40,$$

$$X_1'' \times 10,40 + X_2'' \times 11,60 = 6,40.$$

D'où :

$$X_1'' = 1 \times 0{,}10549,$$
$$X_2'' = 1 \times 0{,}45714.$$

Détermination des moments dans la membrure :

Au nœud $1'$:

$$M = - 1 \times 0{,}10549 \times \frac{h}{2} = - 1 \times 0{,}25318.$$

Au nœud $2'$:

$$M = - 1 \times \frac{h}{2}(0{,}10549 + 0{,}45714) = - 1 \times 1{,}35031.$$

Au nœud $3'$:

$$M = 1 \times \frac{h}{2}(1 - 0{,}10549 - 0{,}45714) = 1 \times 1{,}04969.$$

Les valeurs sont reportées figure 327.

Les surfaces des moments sont :

$$F_1 = 1 \times 0{,}25318 \times 4 = 1 \times 1{,}01272,$$
$$F_2 = 1 \times 1{,}35031 \times 4 = 1 \times 5{,}40124,$$
$$F_3 = 1 \times 1{,}04969 \times 4 = 1 \times 4{,}19876.$$

Les déplacements des nœuds s'élèvent à :

Nœud $1'$:

$$
\begin{aligned}
- 1 \times 1{,}01272 \times \ \ 2 &= - 1 \times \ \ 2{,}02544 \\
- 1 \times 5{,}40124 \times \ \ 6 &= - 1 \times 32{,}40744 \\
+ 1 \times 4{,}19876 \times 10 &= + 1 \times 41{,}98760 \\
\hline
\eta_1 &= \ \ 1 \times \ \ 7{,}55472
\end{aligned}
$$

Nœud $2'$:

$$
\begin{aligned}
- 1 \times 5{,}40124 \times \ \ 2 &= - 1 \times 10{,}80248 \\
+ 1 \times 4{,}19876 \times \ \ 6 &= + 1 \times 25{,}19256 \\
\hline
\eta_2 &= \ \ 1 \times 14{,}39008
\end{aligned}
$$

Nœud $3'$:

$$
\begin{aligned}
1 \times 4{,}19876 \times \ \ 2 &= \ \ 1 \times \ \ 8{,}39752 \\
\eta_3 &= \ \ 1 \times \ \ 8{,}39752.
\end{aligned}
$$

Les ordonnées sont reportées figure 328.

Figure 329 : représentation de la ligne élastique, la base étant horizontale

A l'encontre de ce que l'on attendait, la courbure de la ligne élastique est retournée. Il s'ensuit que la direction de l'effort tranchant X_3'' doit être inversé.

Déplacement horizontal du point d'application de $X_3'' = -1$:

$$1 \times 4{,}19876 \times 2{,}4 = 1 \times 10{,}07702.$$

$$1 \times \frac{h^3}{24 \times \frac{I_1}{I_2}} + 1 \times 0{,}87474 \times \frac{h^3}{24 \times \frac{2}{3}}$$

$$= 1 \times 6{,}91200 + 1 \times 6{,}04620 = 1 \times 12{,}95820.$$

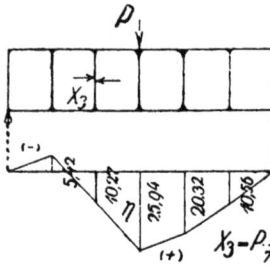

FIG. 330.

FIG. 331.

Déplacement total

$$\delta_3'' = 1 \times 10{,}07702 + 12{,}95820 = 1 \times 23{,}03522 = \backsim 1 \times 23{,}04.$$

On a

$$X_3'' = \frac{P}{4} \times \frac{\eta''}{\delta_3''} = \frac{P}{4} \times \frac{\eta''}{23{,}04}.$$

La ligne d'influence cherchée de X_3 s'obtient en composant les résultats partiels :

$$X_3 = X_3' - X_3''$$

$$= \frac{P}{4} \times \frac{\eta'}{\delta_3'} + \frac{P}{4} \times \frac{\eta''}{\delta_3''}$$

$$= P \times \frac{1}{4\,\delta_3'} \left(\eta' + \eta'' \times \frac{\delta_3'}{\delta_3''} \right).$$

La ligne est représentée figure 331.

Pour une charge mobile P sur la poutre, on a

$$X_3 = P \times \frac{\eta}{4\,\delta_3'} = P \times \frac{\eta}{78{,}72}.$$

Et

$$X_3 = \frac{1}{78{,}72} \left[P_1\,\eta_1 + P_2\,\eta_2 + \ldots \right].$$

Ligne d'influence de l'effort tranchant X_4 au milieu du quatrième montant.

Par les résultats précédents, la grandeur X_4 est déjà connue. Il faut observer que dans les chargements partiels I aucun effort tranchant n'apparaît au milieu du montant médian ; il existe seulement pour les chargements partiels II des figures 288, 305 et 322. La grandeur X_4 est simplement formée par la somme des grandeurs statiquement indéterminables X_1'', X_2'' et X_3'' obtenues dans ces chargements partiels. Par conséquent :

$$X_4 = [X_1'' + X_2'' - X_3''] \, 2$$

$$= 2 \times \frac{P}{4} \left[\frac{\eta_1''}{\delta_1''} + \frac{\eta_2''}{\delta_2''} - \frac{\eta_3''}{\delta_3''} \right]$$

$$= P \times \frac{1}{2\,\delta_1''} \left[\eta_1'' + \eta_2'' \times \frac{\delta_1''}{\delta_2''} - \eta_3'' \times \frac{\delta_1''}{\delta_3''} \right]$$

$$= P \times \frac{1}{2 \times 35{,}53} \left[\eta_1'' + \eta_2'' \times \frac{35{,}53}{21{,}61} - \eta_3'' \times \frac{35{,}53}{23{,}04} \right]$$

$$= P \times \frac{1}{71{,}06} \left[\eta_1'' + \eta_2'' \times 1{,}645 - \eta_3'' \times 1{,}545 \right].$$

La ligne d'influence est représentée figure 344.

On a

$$X_4 = P \times \frac{\eta}{71{,}06} \cdot$$

Dans le cas de plusieurs charges

$$X_4 = \frac{1}{71{,}06} \left[P_1\,\eta_1 + P_2\,\eta_2 + \dots \right].$$

Ligne d'influence du moment M_3' *dans la membrure* immédiatement à gauche du nœud 3′.

D'après la figure 335, et en plaçant la charge P au nœud 3′, nous avons

$$M_3' = \frac{P}{2} \times \frac{x'}{l} \times x - X_1 \times \frac{h}{2} - X_2 \times \frac{h}{2}$$

$$= \frac{P}{2} \times \frac{x'}{l} \times x - \frac{P}{2} \times \frac{\eta_1}{2\,\delta_1'} \times \frac{h}{2} - \frac{P}{2} \times \frac{\eta_2}{2\,\delta_2'} \cdot$$

(Cf. les fig. 297 et 314.)

$$M_3' = \frac{P}{2} \left[\frac{x'\,x}{l} - \frac{h}{4} \left(\frac{\eta_1}{\delta_1'} + \frac{\eta_2}{\delta_2'} \right) \right]$$

$$M_3' = P \times \frac{h}{8\,\delta_1'} \left[\frac{x'\,x}{l} \times \frac{4\,\delta_1'}{h} - \eta_1 - \eta_2 \times \frac{\delta_1''}{\delta_2'} \right].$$

On avait $\delta_1' = 35{,}51$ et $\delta_2' = 21{,}48$.

Le premier terme de la parenthèse est représenté par le triangle $1' - 3'' - 1'$ (fig. 336). Le deuxième représente les ordonnées de la

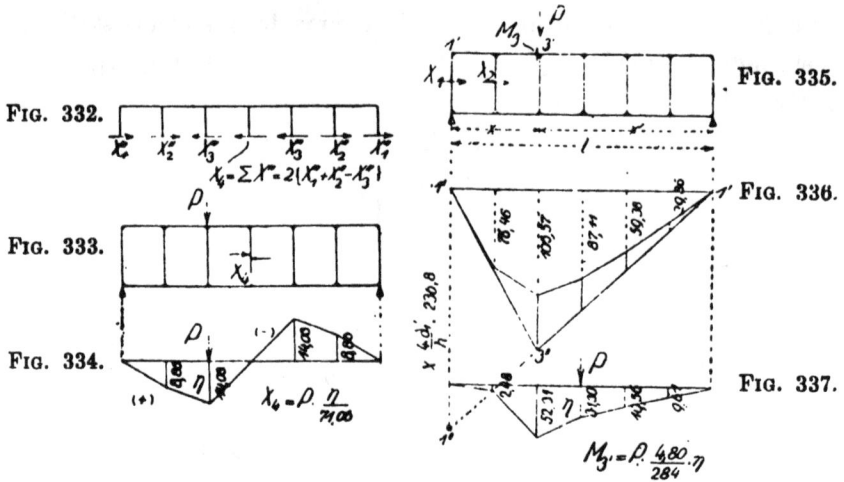

FIG. 332.

FIG. 333.

FIG. 334.

FIG. 335.

FIG. 336.

FIG. 337.

figure 297. Enfin le troisième terme est donné par les ordonnées de la ligne (fig. 314) multipliées par $\frac{\delta_1'}{\delta_2'}$. On obtient la ligne d'influence dessinée figure 336. Les ordonnées sont reportées à nouveau (fig. 337) sur une base horizontale.

On a

$$M_3' = P \times \frac{h}{8\,\delta_1'} \times \eta = P \times \frac{4{,}80}{284} \times \eta.$$

Dans le cas de plusieurs charges :

$$M_3' = \frac{4{,}80}{284} \left[P_1\,\eta_1 + P_2\,\eta_2 + \dots \right].$$

Exemple 38. — *Arc à montants multiples encastré sur ses deux retombées, avec une articulation en son milieu* (fig. 338).

Recherchons la ligne d'influence du moment en une section m de l'arc pour une charge P mobile sur la voie de roulement horizontale. Ce problème est doublement statiquement indéterminé. Introduisons comme inconnues la poussée horizontale H et l'effort tranchant vertical V dans l'articulation. Nous négligerons comme toujours la faible influence sur les grandeurs statiquement indéterminées des déformations dues aux efforts normaux et tranchants.

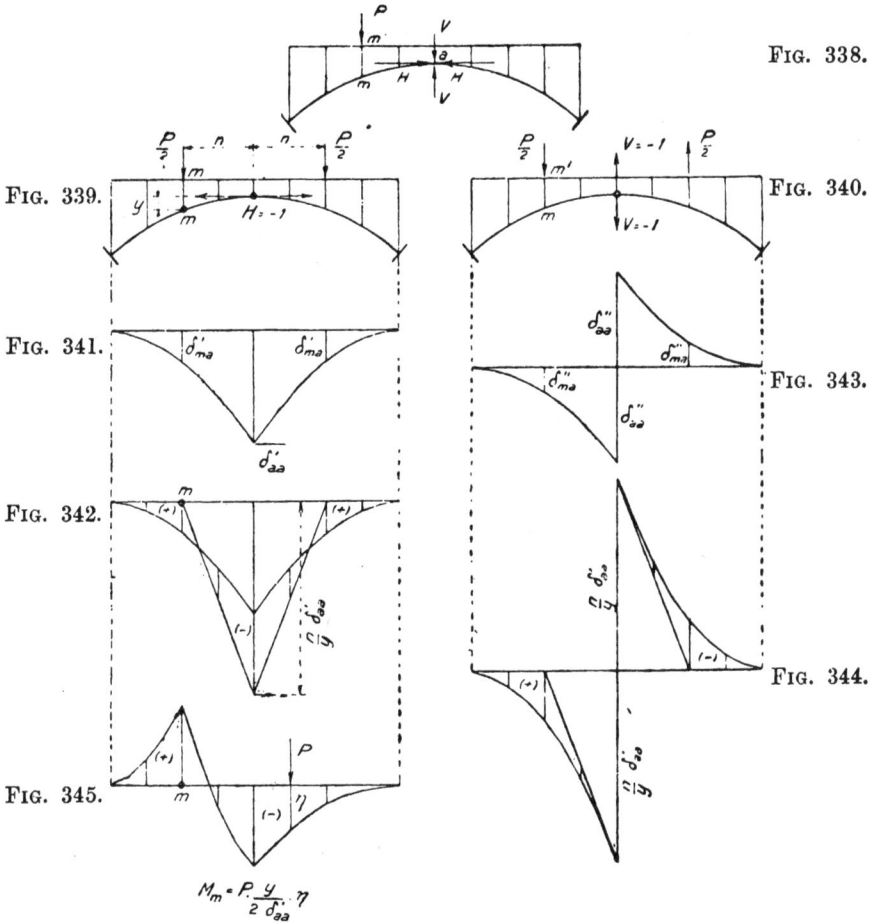

FIG. 338.

FIG. 339.

FIG. 340.

FIG. 341.

FIG. 343.

FIG. 342.

FIG. 344.

FIG. 345.

$$M_m = P \cdot \frac{y}{2 \, d_{aa}} \cdot \eta$$

Décomposons de nouveau le chargement P en deux autres partiels I et II (fig. 339 et 340). Dans le cas de I, seule apparaît une poussée horizontale H dans l'articulation du sommet ; tandis que pour le chargement partiel II seul l'effort tranchant vertical V est en présence.

Chargement partiel I.

Chargeons l'articulation de l'arc par la force H = − 1, dessinons la ligne élastique verticale et recherchons le déplacement horizontal

9.

correspondant δ_{aa}' du point a (fig. 341). Désignons par δ_{ma}' les ordonnées de la ligne élastique, mesurées sous les charges $\frac{P}{2}$, on a ainsi

$$H = \frac{P}{2} \times \frac{\delta_{ma}'}{\delta_{aa}'}.$$

Le moment dans la section m, si les charges sont amenées au milieu de l'arc, se détermine par

$$M_m' = \frac{P}{2} \times n - H\, y,$$

ou

$$M_m' = \frac{P}{2} \times n - \frac{P}{2} \times \frac{\delta_{ma}'}{\delta_{aa}'} \times y$$

$$= \frac{P}{2} \times \frac{y}{\delta_{aa}'} \left[\frac{n}{y} \times \delta_{aa}' - \delta_{ma}' \right].$$

Cette expression, comme le montre la figure 342, peut être sans plus représentée graphiquement. La surface hachurée donne la ligne d'influence du moment en m pour la paire de charges mobiles $\frac{P}{2}$.

Chargement partiel II :

Supposons maintenant l'arc chargé en son articulation par la force $V = -1$. La ligne élastique verticale en résultant est la ligne d'influence de la grandeur V dans le cas de la paire de charges mobiles $\frac{P}{2}$. On doit avoir (fig. 343)

$$V = \frac{P}{2} \times \frac{\delta_{ma}''}{\delta_{aa}''}.$$

Si les charges sont de nouveau ramenées jusqu'au sommet de l'arc, on obtient pour la section en m un moment

$$M_m'' = \frac{P}{2} \times n - V\, n.$$

$$= \frac{P}{2} \times n - \frac{P}{2} \times \frac{\delta_{ma}''}{\delta_{aa}''} \times n.$$

Ou bien, attendu que le facteur de la parenthèse doit être le même que celui de l'équation du chargement partiel I

$$M_m'' = \frac{P}{2} \times \frac{y}{\delta_{aa}'} \left[\frac{n}{y} \times \delta_{aa}' - \delta_{ma}'' \times \frac{\delta_{aa}'}{\delta_{aa}''} \times \frac{n}{y} \right].$$

Cette expression peut comme toujours être facilement représentée par le dessin (fig. 344).

En composant les lignes des figures 342 et 344 on obtient la ligne d'influence cherchée du moment au point de l'arc m pour une charge mobile P (fig. 345). Si η désigne l'ordonnée de la ligne, mesurée sous la charge, on a :

$$M_m = P \times \frac{y}{2\,\delta_{aa}'} \times \eta.$$

Plusieurs charges donnent

$$M_m = \frac{y}{2\,\delta_{aa}'}\,[P_1\,\eta_1 + P_2\,\eta_2 + \ldots].$$

Bien entendu, on peut appliquer, et avec autant d'avantages, la méthode B. U. à l'étude des lignes d'influence de poutres en treillis.

Exemple 39. — *Un portique double encastré à ses pieds* (fig. 346).

Nous avons donné, exemple 37 (Poutre Vierendeel) et en liaison avec la méthode de décomposition des chargements, une autre méthode ayant pour but de simplifier le problème. Elle consistait en ce que : la charge 1 étant introduite à la place d'une grandeur indéterminée, on calculait pour ce chargement les autres grandeurs statiquement indéterminées ; et l'on obtenait ainsi pour l'état de chargement 1 la ligne élastique du système représentant alors la ligne d'influence de l'inconnue cherchée. En outre de la simplification résultant de la méthode B. U., ce procédé soustrait une inconnue statique aux équations élastiques ; aussi doit-on, dans tous les cas, rechercher son application, en particulier pour la résolution des problèmes à l'aide des lignes d'influence.

Donnons rapidement la marche de calcul du présent exemple. Le problème est six fois statiquement indéterminé. Il s'agit de déterminer les lignes d'influence des inconnues statiques dans le cas d'une charge mobile P sur la poutre. La résolution du problème à l'aide de la méthode habituelle (établissement de six équations élastiques) demanderait beaucoup de temps et de peine et pratiquement serait à peine possible.

Formons tout d'abord de nouveau les deux chargements partiels I et II (fig. 347 et 348), Le chargement partiel I est 3 fois statiquement indéterminé, et il en est de même de II. Dans chaque cas et aux poteaux extrêmes on a les grandeurs statiquement indéterminées H_1, V_1 et

M_1, respectivement H_2, V_2 et M_2. La solution serait déjà possible maintenant, sans difficultés particulières. Toutefois, on a encore 3 équations élastiques, d'où complications pour l'établissement de lignes d'influence.

Recherchons la ligne d'influence de la poussée H et chargeons le système à la place de H par la force $H = -1$. On n'a plus dès lors qu'un problème deux fois statiquement indéterminé, puisque seules les

FIG. 346.

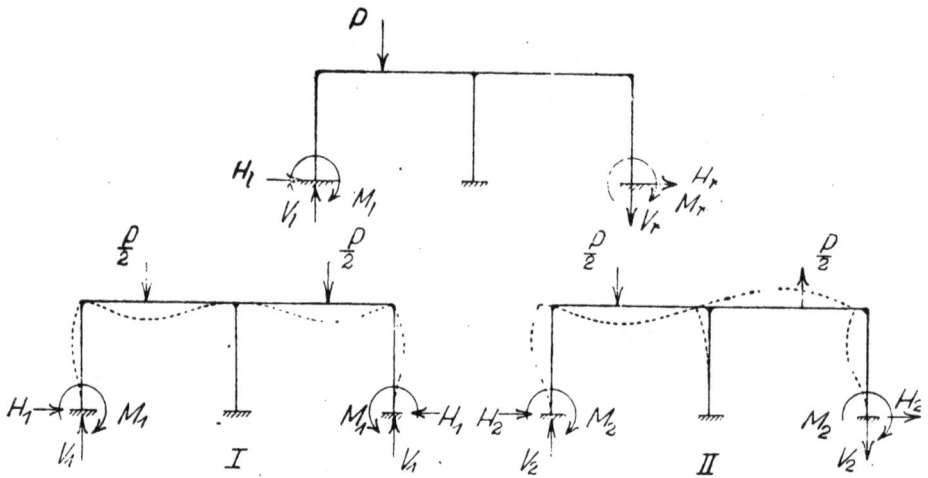

FIG. 347.   FIG. 348.

inconnues V et M sont opérantes. Le calcul de ces grandeurs à l'aide de deux relations élastiques est facilement réalisable. Ceci étant, il ne reste plus qu'à dessiner la ligne élastique de la poutre, et en même temps à déterminer le déplacement de la base du poteau dans la direction de H. Désignons-le par δ_{aa} ; et si δ_{ma} représente l'ordonnée de la ligne élastique mesurée sous la charge $\frac{P}{2}$, on a, comme toujours

$$H = \frac{P}{2} \times \frac{\delta_{ma}}{\delta_{aa}}.$$

On opère de même pour rechercher la ligne d'influence de l'inconnue statique V. Chargement du système par $V = -1$. Calcul des inconnues H et M apparaissant dans ce cas. Ensuite établissement de la ligne élastique de la poutre pour l'état $V = 1$. On a de nouveau

$$V = \frac{P}{2} \times \frac{\delta_{mb}}{\delta_{bb}}.$$

Enfin, il reste M et l'on a

$$M = \frac{P}{2} \times \frac{\delta_{mc}}{\delta_{cc}}.$$

où δ_{cc} désigne la rotation du point de base pour l'état de chargement $M = -1$.

En raison de la symétrie du chargement, les développements dans chaque chargement partiel s'étendent seulement à une moitié du cadre.

Les lignes d'influence de chaque chargement partiel étant trouvées, on additionnera les ordonnées suivant leurs signes et on aura finalement les lignes cherchées des six inconnues statiques H_e, H_r, V_e, V_r, respectivement M_e et M_r dans le cas d'une charge P mobile sur la poutre.

TABLE DES MATIÈRES

CHAPITRE PREMIER

Application de la méthode dans le cas de problèmes traités analytiquement.

CHAPITRE II

Application de la méthode aux lignes d'influence.

(Charges mobiles.)

4268-11-25. — IMP. P. DUBREUIL ET A. LAROCHE, 18, RUE CLAUZEL, PARIS.